읽다 보면 감 잡는
요즘 애들 수학

읽다 보면 감 잡는
요즘 애들 수학

초판 1쇄 발행 2022년 1월 10일
초판 3쇄 발행 2023년 6월 30일

지은이 임청

기획편집 도은주, 류정화
마케팅 박관홍
표지 일러스트 셋둘하나

펴낸이 윤주용
펴낸곳 초록비책공방

출판등록 2013년 4월 25일 제2013-000130
주소 서울시 마포구 월드컵북로 402 KGIT 센터 921A호
전화 0505-566-5522 팩스 02-6008-1777

메일 greenrainbooks@naver.com
인스타 @greenrainbooks @greenrain_1318
블로그 http://blog.naver.com/greenrainbooks
페이스북 http://www.facebook.com/greenrainbook

ISBN 979-11-91266-27-6 (43410)

어려운 것은 쉽게 쉬운 것은 깊게 깊은 것은 유쾌하게

초록비책공방은 여러분의 소중한 의견을 기다리고 있습니다.
원고 투고, 오탈자 제보, 제휴 제안은 greenrainbooks@naver.com으로 보내주세요.

읽다 보면 감 잡는
요즘 애들 수학

임청 지음

초록비책공방

들어가며

주변 사람들과 이야기하다 보면 내 이야기를 조금씩 하게 되는데 어떤 경우에는 내 직업을 소개하기도 한다.

"어떤 일 하세요?"

"아, 저 선생님이에요."

"어떤 과목이요?"

이런 질문을 받으면 사실대로 말을 할까 말까 고민하지만 이내 "수학, 가르쳐요."라고 답한다. 그럼 백이면 백, 돌아오는 말이 있다.

"아, 저 학생 때 수학 진짜 싫어했는데… 너무 어려웠어요."

항상 직업을 답할 때면 부끄러워하면서도 당당하게 말한다. 부끄러움은 그 사람이 싫어했던 것을 내가 가르친다는 것이요, 당당함은 나는 그 사람이 어려워했던 걸 즐거워했고, 그 사람의 어려움을 넘어섰음에 자부심을 갖는 것이다.

그래, 나는 여러분들이 너무도 싫어했던 수학을 좋아하며 그 것을 전공하고 아이들을 가르치는 바로 그 수학 교사이다.

나는 중학교에서 아이들을 가르치면서 수학 수업을 지루하고 어렵지 않게 만들고자 부단히 노력했다. 하지만 수업을 하면 할수록 아이들에게 과연 수학이 어떤 의미를 가지고 있는지 항상 궁금했다. 수학을 받아들일 마음만 있다면 수학은 재미있고 유의미한 학문이다. 반면 수학을 받아들일 마음이 없다면 수학은 왜 해야 하는지 모른 채 해야 하는 시험의 전리품일 뿐이다.

'왜 국가는 수학을 수능 과목으로 지정했으며 학생들에게 수학 공부를 강조할까?'

'왜 학교에서는 수학을 일주일에 4시간 이상 들어야 하는 중요 과목으로 생각할까?'

부모님은 '자녀의 미래를 위해서, 대학을 잘 가기 위해서'라는 이유로 학원을 보내고 수학 성적을 올리라고 자녀를 압박한다.

실제로 왜 수학을 해야 하는지 아이들에게 물어보면 다음과 같이 대답한다.

"제 미래를 위해서요."

"부모님이 하라고 하니까요."

"잘 모르겠어요."

반대로 수학 선생님들에게도 수학을 왜 해야 하는지 물어보면 많은 선생님이 대답을 주저한다.

분명 대학 입시와 같은 실제적인 유용성만이 수학을 하는 이유가 아니라고 다들 생각할 것이다. 어떤 선생님은 수학은 아이들의 사고력을 높일 수 있다고 말한다. 수학이 문제 해결력, 추론 능력, 사고력과 같은 생각하는 힘을 길러준다면 수학의 어떤 점이 그러한 능력을 길러주는 것일까?

"왜 수학을 해야 한다고 생각하세요?"

누가 나에게 묻는다면 나는 나름의 답을 생각해놓았다. 나에게 수학은 어떤 의미인가? 계속 고민하고 생각해서 내린 결론이다.

"수학은 아름답다!"

문명이 탄생한 이래로 주어진 상황적 문제를 해결하기 위해 수학은 계속 발전해왔으며 많은 수학자가 수학을 공부하면 할수록 진리의 아름다움에 매료되었기 때문에 수학에 대한 연구가 끊임없이 계속될 수 있었다.

수학을 제대로 보면 진리만이 아니라 최상의 아름다움까지 가지고 있다.
바로 조각상이 지닌 차갑고 엄숙한 아름다움을.

– **버트런드 러셀**(수학자, 철학자, 노벨 문학상 수상자)

하지만 이 부분에 대해 많은 사람이 공감하지 못할 것이다. 여기에서 아름다움이란 꽃이나 보석 같은 눈에 보이는 아름다움이 아니라 깨달음의 미학이다. (물론, 수학을 이용해 아름다운 무늬를 만들어낼 수는 있다.) "아!" 하는 깨달음의 순간, "재밌다!"라며 즐거움을 느끼는 순간, 어려운 것을 이해했을 때의 뿌듯함, 아이디어가 갑자기 떠올라 새로운 방법으로 문제 풀이를 시도해봤을 때의 참신함. 수학 공부를 하면서 그러한 순간과 경험이 쌓이면 수학의 아름다움을 느낄 수 있다.

아이들이 나에게 "왜 수학을 해야 하나요?"라며 물을 때 나는 그에 대한 답을 아껴두었다. 지금 아이들에게 '수학은 아름답다'라는 이야기는 그들의 생각과는 너무 동떨어진 이야기라서 오히려 괴리감을 줄 뿐이다. 아이들에게 수학의 아름다움이 다가오도록, 스스로 수학의 아름다움을 찾도록 도와주고 싶다.

수학 공부는 여행과 같다. 여행을 가본 사람은 알겠지만 실제로 낯선 땅에서 헤매는 것은 육체적 정신적으로 참 힘든 일이다. 하지만 목적지에 도달해 그곳만의 정취, 그곳만의 역사를 느끼면 그것이 바로 여행의 즐거움임을 깨닫는다. 그 후에는 낯선 곳을 정처 없이 헤매는 것도 낭만 있고, 여행하는 과정 자체에 즐거움을 느낄 수 있다.

수학 공부도 이와 같다. 처음에 어떤 정리(定理)나 개념에 도달하는 과정이 딱딱하고 그 논리를 따라가는 것도 어렵다. 하지만 어떤 개념이나 정리를 익혔을 때 그 유용성이나 의미를 깨달게 되면 "아~"라는 탄성이 절로 나온다. 이것이 반복되면 수학하는 것 자체에 즐거움이 생길 것이다.

또 여행은 이곳저곳에서 보고 들었던 지식의 조각들이 모아졌을 때 진정한 즐거움을 준다. '아, 여기가 거기구나!'라는 깨달음을 얻고, 나무 한 그루 한 그루가 아닌 숲을 조망했을 때의 기분이야말로 여행의 보람이다.

수학도 마찬가지이다. 개념이 하나하나 상관없는 듯 보여도 꾸준히 배우고 익히다 보면 개념의 연결 고리가 보인다. 전체적인 구조가 내 안에서 짜였을 때 진정한 수학을 느낄 수 있다.

학생들에게 수학 교과서는 여행 안내서이며, 선생님은 가이드이다. 이 안내서를 통해 수학으로의 여행에 정보를 얻고 도움을 받지만 여행의 의미는 다 다르며 각자 자신만의 여행을 한다.

교과서가 개념의 핵심을 짚어주고 설명이 포함되어 수학 교과의 전체 내용을 포괄한다면 선생님은 여행에서의 포인트를 짚어주고 안내하며 학생 개개인의 반응을 보고 피드백해주는 역할을 해야 한다.

여행의 즐거움을 위해서는 가이드가 알려주는 숨은 팁도 큰 역할을 한다. 수학에서 이런 역할을 하는 팁은 어떤 수학 개념이 있을 때 이 개념은 왜 태어났는지에 대한 역사를 살펴보고, 현재 그 개념이 어떤 의미를 지니는지 논의해보는 것이다. 수학을 단지 기호에서 벗어나 자신의 삶에 적용하여 의미를 부여한다면 아이들은 수학에 대한 거부감이 없어지고 수학에 흥미를 느낄 것이다. 더 나아가 수학 공부에 동기를 부여하고, 최종적으로 자신만의 수학 개념의 아름다움을 느낄 수 있을 것이다.

이 책은 독자들에게 일상생활 속 이야기 또는 간단한 질문에서 시작한다. 그 후 관련된 수학 개념들을 소개하고, 그 개념이 나오게 된 역사적 배경을 이야기한다. 수학 역사의 흐름에 따라 기하, 수와 방정식, 함수, 확률과 통계로 구성되어있는 이 책은 독자들에게 수학의 분야가 왜 발전되었고, 어떻게 발전했는지 한눈에 보여준다. 그리고 책을 덮을 즈음에는 역사의 흐름 속에 여러 개의 수학 분야가 서로 어떻게 연결되었는지 생각해볼 수 있다. 각 장이 하나의 나무라면 이 책은 숲이다. 독자들이 이 책을 읽으며 나무 하나하나를 느끼고 즐기면서 정상에 올라 숲 전체를 조망해보길 희망한다.

3부 ▶ 규칙의 발견, 함수

4부 ▶ 과거와 미래의 연결, 확률과 통계

1부
사고의 시작, 기하

고대 문명은 강 유역의 비옥한 토지에서 발전되었고, 그곳에서는 토지의 측량과 건축 등에 필요한 기하학이 발전했다. 이집트에서는 피라미드 건축과 같은 큰 토지 공사를 위해 실용적인 기하학이 발전했다.

반면 고대 그리스의 수학자들은 기하학을 새로운 관점에서 바라보기 시작했다. 그리스의 수학자 탈레스, 피타고라스 등은 도형에 대한 특징을 서술하고, 왜 그 성질을 만족하는지 탐구했고, 이후 그리스 수학자들은 기하학의 본질과 원리를 연구하기 시작했다. 기하학에 대한 이러한 접근은 그리스 기하학의 발전으로 이어졌고, 현대 수학 연구의 기본 방법이 되었다. 이러한 고대 수학자들의 기하학 연구가 현대 교육 과정의 기하학으로 이어졌다.

우리가 거인이나
소인이 된다면?

✎ 거인이나 소인이 되는 상상

《이상한 나라의 앨리스》는 영국의 동화 작가 루이스 캐럴이 1865년에 발표한 동화이다. 루이스 캐럴의 본명은 찰스 루트위지 도지슨으로, 그는 사실 옥스퍼드대학의 수학과 교수이자 수학자였다. 《이상한 나라의 앨리스》에는 수학적인 요소가 많이 녹아 있는 것으로 유명한데, 원작으로 읽다 보면 음수의 발생 과정, 교환법칙과 결합법칙 등 수학 내용을 발견하는 재미가 있다.

동화의 내용을 잠깐 살펴보자.

소풍을 간 앨리스는 토끼 한 마리를 보았는데 그는 연신 시계를 확인하며 늦었다고 소리치며 달려가는 것이었다. 호기심이 생긴 앨리스는 구멍 안으로 들어가는 토끼를 따라갔다. 그곳에는 방이 하나 있었는데 토끼는 그 방에 있는 조그만 문으로 들어가

버렸다. 하지만 앨리스의 몸은 그 문을 통과하기에는 너무 컸다. 어떻게 하면 토끼를 따라갈 수 있을까 고민하던 앨리스는 음료수 하나를 발견했다. 그 병에는 '먹지 마시오'라는 경고문이 붙어있었지만 앨리스는 망설임 없이 음료수를 마셨다. 그러자 앨리스의 몸이 점점 작아지는 것이었다. 앨리스는 놀랄 새도 없이 문고리를 돌렸지만 문은 이미 잠겨버린 뒤였다.

앨리스는 두리번거리다가 탁자 위에 있는 열쇠를 발견했다. 하지만 탁자가 너무 커서 열쇠가 앨리스의 손에 닿지 않았다. 해결책을 찾아 여기저기 살피던 그녀의 눈에 탁자 밑에 있는 케이크가 들어왔고, 역시 '먹지 마시오'라는 경고 메시지를 무시한 채 케이크를 먹어버린 앨리스는 방이 꽉 찰 정도로 커져버렸다.

열쇠를 얻었지만 문을 통과하지 못한 앨리스가 눈물을 흘리며 울자 방에 큰 물웅덩이가 생겼다. 물웅덩이에 휩쓸려 문밖으로 나온 토끼는 부채를 들고 있었는데 물에 빠지지 않으려고 허우적대다가 부채를 놓쳐버렸다. 토끼가 떨어뜨린 부채를 손에 쥔 앨리스가 부채를 부치자 앨리스는 다시 작아졌지만 자신이 흘린 눈물 웅덩이에 빠져버리고 만다.

✎ 거인이 된다면

《이상한 나라의 앨리스》처럼 거인이 되거나 소인이 되는 상상은 소설에서뿐 아니라 애니메이션, 영화에서도 종종 쓰이는 소재이다. 〈나의 히어로 아카데미아〉라는 애니메이션에서는 모든 인류가 초능력을 가지고 있다. 애니메이션에 나오는 한 여자는 자기 몸을 거대화시키는 초능력으로 몸을 건물 크기만큼 키울 수 있다.

그렇다면 실제로 거인이 되면 어떻게 될까? 한 도형을 일정한 비율로 확대하거나 축소한 도형이 다른 도형과 합동일 때 두 도형은 '닮음 관계'에 있다고 하며, 이때 길이 비율을 '닮음비'라고 한다.

우리의 몸은 하나의 입체 도형이라고 볼 수 있다. 거인이 된다는 것은 사람 몸 형태의 입체 도형을 몇 배로 확대하는 것이므로 거인이 된 사람과 본래의 사람은 서로 닮음 관계에 있다. 만약에 몸이 10배로 커지게 되면 키, 어깨, 팔, 다리 길이가 모두 10배로 길어지며

몸 내부에 있는 뼈와 근육의 길이 또한 10배로 길어진다. 반면 몸의 모든 것이 동시에 10배로 커지기 때문에 다리 길이와 다리 뼈 길이의 비 등 몸을 이루는 요소들의 비율은 일정할 것이다.

몸이 커졌으므로 옷을 새로 맞춰보자. 옷을 새로 맞추려면 기존의 옷보다 몇 배의 천을 사용해야 할까? 천의 모양을 직사각형이라고 생각했을 때 기존의 직사각형 천보다 10배 큰 직사각형 천이 필요할 것이다. 이때, 새로운 천은 직사각형의 가로 길이가 10배가 될 뿐 아니라 세로 길이도 10배가 되어야 한다. 그렇다면 넓이는 자그마치 100배가 된다. 이때 어떤 모양의 천이라도 적당한 크기의 직사각형으로 잘라 넓이를 구하면 되기 때문에 10배가 커진 사람 몸에는 100배의 넓이를 가진 새로운 옷이 필요하다.

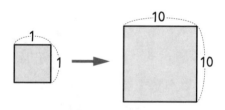

기존의 옷(1x1)보다
100배(10x10) 큰 옷이 필요하다.

다음으로 몸무게를 측정해보자. 이번에는 세포의 모양을 정육면체라고 생각해보자. 그렇다면 기존의 세포보다 10배가 큰 세포가 될 것이다. 이때, 새로운 세포는 가로 10배, 세로 10배 그리고 높이도 10배가 된다. 그렇다면 무게는 1,000배가 될 것이다. 세포들이 모여 몸을 이루므로 거인의 몸무게는 기존 몸무게의 1,000배가 된다.

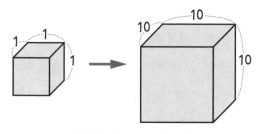

기존의 몸무게(1x1x1)보다
1,000배(10x10x10)가 무거워진다.

이처럼 일반적으로 닮은 도형에서 겉넓이비는 닮음비의 제곱, 부피비는 닮음비의 세제곱과 같다는 것을 알 수 있다.

그렇다면 거인이 되었을 때 지금처럼 걷기도 하고 움직이며 활동할 수 있을까? 우선 사람이 서 있기 위해서는 다리 근육이 전체 몸의 무게를 버텨야 한다. 근육의 힘은 근육 단면적의 크기, 즉 근육의 겉넓이에 달려있다고 한다. 그러나 체중이 세제곱으로 증가한 것에 비해 근육의 힘이 제곱으로 증가하므로 거인의 몸이 커질수록 그 압도적 무게를 근육과 뼈가 견디지 못할 것이므로 우리의 몸은 서 있을 수 없다.

✎ 소인이 된다면

〈앤트맨〉이라는 영화에서 주인공은 개미만큼 몸의 크기를 줄일 수 있다. 앞에서 살펴본 닮음 개념을 적용해보면 몸이 0.1배가 되면 키, 어깨, 팔, 다리 길이가 모두 0.1배로 짧아진다. 그리고 기존보다 0.01배 작은 옷을 입어야 하며, 몸무게는 0.001배로 굉장히 가벼워진다. 훨씬 가벼워진 체중에 비해 근육의 힘이

상대적으로 강하기 때문에 힘도 굉장히 쎄진다. 실제로 개미나 쇠똥구리가 자기 체중의 몇 배나 되는 물건을 지고 거뜬히 움직일 수 있는 이유는 체중에 비해 힘이 강하기 때문이다.

또한 소인이 된다면 고소공포증 걱정을 하지 않아도 된다. 소인은 높은 곳에서 떨어

져도 죽을 염려가 없기 때문이다. 개미는 아무리 높은 곳에서 떨어져도 살 수 있다고 한다. 높은 곳에서 떨어질 때는 두 가지 힘이 줄다리기를 한다. 몸을 아래로 끌어당기는 중력과 몸이 내려오지 못하게 위쪽으로 작용하는 공기 저항이 있다. 중력은 질량에 작용하므로 몸의 무게에 좌우되며, 공기 저항은 피부에 작용하므로 표면적의 크기에 좌우된다. 종이는 무게가 가볍지만 표면적이 크기 때문에 흔들리며 떨어지고, 돌은 무게가 상대적으로 무겁고 표면적도 작아서 곤두박질치듯 떨어진다. 개미도 몸의 표면적에 비해 무게가 무겁지 않으므로 작은 속도로 안전하게 떨어진다.

그렇다면 소인으로 살아갈 때 어떤 불편한 점이 있을까?

우선 몸을 씻을 수 없다. 물은 소인에게 치명적이기 때문이다. 물에는 서로 달라붙기를 좋아하는 성질인 '표면 장력'이 있다. 몸무게가 가벼운 개미는 물에 닿으면 물의 힘을 이기지 못해 물에 계속 붙어있게 되어 결국 익사하고 만다.

또한 겨울나기가 힘들 것이다. 세포에서 일어나는 화학 작용으로 사람의 몸에서는 끊임없이 열이 만들어진다. 이 열은 피부를 통해 빠져나가며 체온 조절을 한다. 겨울철에는 온도가 낮으므로 몸을 따뜻하게 유지해야 하는데 거인의 경우 피부 면적에 비해 몸무게가 많이 나가므로 열이 밖으로 덜 빠져나가서 체온을 유지하기가 쉽다. 반면 소인의 경우 피부 면적이 상대적으로 커서 열이 밖으로 너무 많이 빠져나가 체온 유지가 어렵다. 그래서 동물들도 몸집이 클수록 추운 겨울을 견디고 살아남을 수 있다고 한다. 추운 지역에는 북극곰, 물개, 들소 등 대형 포유류만 있다. 생쥐 같은 소형 포유류는 추운 지역에 살 수 없다.

닮음을 이용한 역사적 사건

이집트와 그리스에서 이름을 떨치며 활동했던 탈레스는 역사상 최초의 수학자이다. 그의 가장 유명한 일화로는 피라미드 높이를 측정한 사건이 있다. 그리스에서 생활하던 탈레스가 이집트로 거처를 옮기면서 쿠푸의 피라미드를 발견했다. 고대 7대

쿠푸의 피라미드

불가사의 중 하나인 이 피라미드는 가장 크고 오래되었으며 유일하게 거의 손상되지 않은 채 남아있다. 쿠푸의 피라미드는 이집트 왕이었던 쿠푸의 무덤으로 20년 동안 건설되었다고 한다.

피라미드의 규모는 그 당시 사람들이 상상할 수도 없는 높이였다. 피라미드를 쌓고 있는 노예들이나 일반 백성들은 피라미드의 높이를 측정할 수 있는 지식이 없었으며 측정해볼 생각조차 하지 못했다. 그들은 하늘 높이 피라미드를 쌓으면 죽어서 그곳에 묻힌 왕들이 피라미드의 계단을 올라가 신이 된다고 생각했다. 즉, 피라미드의 높이는 왕의 권력을 상징했다.

이런 상황에서 탈레스가 피라미드의 높이를 잰다고 했을 때 이집트 왕은 코웃음 쳤다. 피라미드 높이를 재기 위해 탈레스에게 필요한 것은 조수 역할을 할 농부 한 명뿐이었다. 탈레스는 피라미드 높이를 측정하기 위해 태양 아래에 섰다. 길게 늘어진 탈레스의 그림자 옆에 피라미드의 그림자도 늘어졌고 태양이 하늘 높이 떠오를수록 그림자는 점점 짧아졌다. 시간이 흘러 드디어 탈레스의 그림자 길이와 키가 같아졌을 때 탈레스는 농부에게 피라미드의 그림자 길이를 측정하라고 시켰다.

탈레스의 키와 그림자 길이가 같아졌을 때 그 길이의 비는 1:1이므로 피라미드 높이와 피라미드 그림자 길이의 비도 1:1이 될 것이기 때문이다. 피라미드는 정사각뿔 모양이므로 밑면의 정사각형 변의 길이에 유의해서 계산했을 것이다.

또 다른 이야기로는 막대를 이용해 피라미드의 높이를 쟀다
고 한다. 피라미드 옆에 막대를 하나 꽂은 후 막대의 그림자 길
이와 피라미드의 그림자 길이를 잰 다음 비례식을 이용해 피라
미드의 높이를 계산해냈다고 한다.

탈레스가 이용한 원리가 바로 '닮음'이다. 해가 피라미드와 막
대를 동시에 비추고 막대와 피라미드가 지면에 수직으로 서 있
다. 그림에서 직각삼각형ABC와 직각삼각형DEF는 서로 닮음이
된다. 닮은 두 삼각형의 닮음비를 이용하여 피라미드의 높이를
측정함으로써 파라오는 신이 아닌 사람이며 왕뿐 아니라 평민
도 피라미드의 높이를 측정할 수 있다는 것을 증명했다. 이는 자
만한 왕의 콧대를 눌러주기에 충분했다.

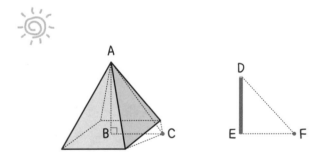

(피라미드 높이) : (피라미드의 그림자 길이) = (막대 길이) : (막대의 그림자 길이)

탈레스의 정리

정리 1

지름은 원을 이등분한다.

정리 2

이등변삼각형의 두 밑각의 크기는 같다.

정리 3

서로 만나는 두 직선에 의해 생긴 맞꼭지각의 크기는 서로 같다.

정리 4

한 변과 양 끝각이 같은 두 개의 삼각형은 서로 합동(똑같은 도형)이다.

정리 5

반원 안에 그려지는 삼각형은 직각삼각형이다.

탈레스는 기하에 대한 여러 가지 정리를 발견했는데 이것을 '탈레스의 정리'라고 명명한다.

수학사에서 탈레스가 남긴 가장 중요한 업적은 역사상 최초의 수학자로서 정리들에 대하여 그 이유를 설명하려 했다는 점이다.

예를 들어 탈레스의 정리 3 을 살펴보자. 두 직선이 만날 때 네 개의 각a, 각b, 각c, 각d가 생기는데 이때, 각a와 각c, 각b와 각d처럼 서로 마주 보는 각을 '맞꼭지각'이라고 한다. 그렇다면 맞꼭지각의 크기는 왜 항상 같은 것일까?

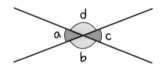

탈레스는 '직선 위의 각의 크기는 두 개의 직각과 같다. 서로 같은 것들에서 서로 같은 것들을 빼면 그 결과도 서로 같다.'라는 두 가지 규칙을 사용하여 설명했다. 이를 이용하면 각a와 각b의 합과 각b와 각c의 합이 두 직각과 같으므로 각b를 동시에 빼면 그 결과인 각a와 각c가 같다. 그러므로 맞꼭지각은 서로 같은 것이다.

이 설명 과정은 어떻게 보면 너무 당연해서 그 이유를 설명하기 쉽지만 하나의 예제가 아닌 모든 맞꼭지각이 생기는 경우에 이러한 성질을 만족한다는 사실을 증명한 것이다. 이와 같은 간단한 설명을 시작으로 수천 년 동안 조그마한 시도들로 증명된 사실들이 모여 지금의 수학을 만들어냈다.

탈레스 이전 고대 이집트인들의 경우 특정한 하나의 대상에서 나온 수치 결과를 실용적으로 이용하는 데 초점을 두었다면 탈레스는 세상에 존재하는 무수히 많은 대상의 본질을 입증하고자 했던 것이다. 이러한 기하학의 정리들을 증명하려는 시도는 후대의 많은 고대 그리스 수학자에게 영향을 미쳤다.

키워드

#중1 과정 #중2 과정 #평면도형 #도형의 닮음 #맞꼭지각
#닮음 #닮음비 #닮음 도형의 넓이와 부피

중등 수학의 끝판왕
피타고라스의 정리

 그림에서 식 찾아보기

Q. 다음의 그림이 의미하는 식은 무엇일까?

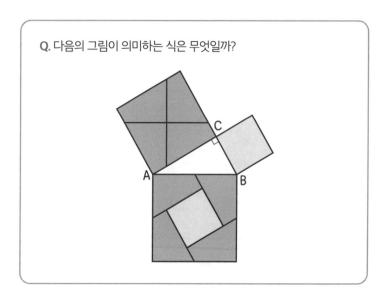

그림은 직각삼각형의 세 변의 길이를 가진 세 정사각형 넓이 의 관계에 대해 이야기하고 있다. 그림에서 크기가 작은 두 정사 각형의 넓이와 크기가 큰 정사각형 넓이가 같음을 보여주고 있 다. 즉, 직각삼각형에서 빗변의 길이를 c라고 하고 다른 두 변의 길이를 각각 a, b라고 할 때 $a^2 + b^2 = c^2$이 성립한다. 이를 '피타 고라스의 정리'라고 한다.

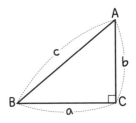

등식 $a^2 + b^2 = c^2$을 만족하는 자연수의 순서쌍을 찾아보면 (3, 4, 5), (5, 12, 13), (7, 24, 25) 등 무한히 많은 자연수의 쌍을 찾을 수 있다. 이러한 자연수의 쌍을 '피타고라스의 수'라고 한 다. 도형의 닮음을 이용하면 (6, 8, 10), (10, 24, 26), (14, 48, 50) 등도 피타고라스의 수임을 알 수 있다.

중학교 과정에서 배우는 수학 중 가장 중요한 정리를 뽑으라 고 한다면 단연 피타고라스의 정리라고 할 수 있다. 피타고라스

의 정리는 직각삼각형일 때 세 변의 길이에 대한 관계를 이야기
한다. 직각삼각형에서 두 변의 길이를 안다면 피타고라스의 정리
를 이용하여 나머지 한 변의 길이를 알 수 있다. 또한 두 정사각
형이 주어졌을 때 두 정사각형 넓이의 합과 같은 정사각형을 만
들 수도 있다.

이와 반대로 삼각형에서 세 변의 길이의 관계를 알면 언제 직
각삼각형이 되는지도 알 수 있다. 세 변의 길이가 각각 a, b, c인
삼각형에서 $a^2+b^2=c^2$ 을 만족한다면 그 삼각형은 직각삼각형
이다. 그래서 $a^2+b^2=c^2$ 을 만족하는 a, b, c를 가지고 직각을
만들어낼 수 있다. 피타고라스의 정리는 그리스의 위대한 수학
자 피타고라스와 관련 있기 때문에 그의 이름을 붙였다. 그렇다
면 피타고라스가 가장 먼저 이 정리를 발견한 것일까? 많은 역
사학자와 수학자가 그에 반론하는 증거를 제시하고 있다. 이제
부터 그 증거를 살펴보자.

✎ 바빌로니아에서 발견된 피타고라스의 수

플림톤 322호는 BC 1800년경에 만들어진 세로 네 줄, 가로
열다섯 줄짜리 표에 숫자들이 적힌 바빌로니아 시대의 점토판
으로, 피타고라스의 수 15쌍을 담고 있다.

이 점토판의 유래는 오늘날 이라크에 있는 티그리스강과 유프라테스 강변의 비옥한 계곡인 메소포타미아 지역에서 꽃을 피운 고대 바빌

플림톤 322호

로니아 시대로 거슬러 올라간다. 바빌로니아인들은 젖은 흙판에 바늘이나 쐐기를 꾹꾹 누르는 방식으로 글자를 기록했으며 플림톤 322호를 비롯한 여러 점토판을 통하여 바빌로니아인들은 계산 능력이 뛰어났다는 것을 알 수 있다.

점토판에서 첫 번째 줄의 두 번째 칸과 세 번째 칸에 바빌로니아 숫자로 1:59, 2:49가 새겨져 있다. 우리가 사용하는 10진법과 다르게 바빌로니아인들은 60진법을 사용했다.

그래서 1:59는 $1 \times 60 + 59 = 119$를 의미하며 2:49는 $2 \times 60 + 49 = 169$를 의미한다. 이 두 수의 제곱의 차는 14,400으로 120^2이다. 따라서 바빌로니아인들이 이미 피타고라스의 수 (119, 120, 169)를 구했다는 것을 알 수 있다. 두 번째 줄은 56:07, 1:20:25가 쓰여있는데 이를 60진법으로 계산해보면 각각 3,367, 4,825이다. 이는 바빌로니아인들이 피타고라스의 수 (3367, 3456, 4825)를 구했다는 것을 의미한다. 이 발견은 피타고라스보다 1,200년이나 앞섰다.

🖋 고대 중국에서 발견된 구고현의 정리

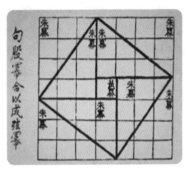

《주비산경》에 나온 구고현의 정리

그리스에서 멀리 떨어진 고대 중국에 있던《주비산경(周髀算經)》이라는 책에는 '구고현(句為弦)의 정리'가 실려있다. 이 정리는 피타고라스가 피타고라스의 정리를 발견한 시점보다 약 500년 앞서서 발견되었다.

이 책은 주나라 때부터 사용된 수학책이자 천문학책으로, 신라 시대의 천문 교육에도 영향을 주었다. 왼쪽에 세로로 적힌 한문의 뜻은 '구(짧은 변)와 고(긴 변)의 제곱의 합이 현(빗변)의 제곱과 같다'라는 뜻으로 피타고라스의 정리가 적혀있다. 그림을 보면 직각삼각형의 밑변 길이와 높이가 각각 3과 4임을 확인할 수 있다.

《주비산경》에는 당시의 우주관이 나타나있는데 '땅은 네모이고 하늘은 둥글다'라는 기록이 있다. 당시 지름의 길이가 1인 원의 둘레를 3이라고 생각하여 3을 '구'로 두고, 길이가 1인 정사각형의 둘레가 4이므로 4를 '고'로 두었다. 《주비산경》에서는 구와 고를 이용하여 태양까지의 길이인 '현'을 계산하려고 했다.

태양이 지면에 비친 곳까지의 수평 거리를 구, 태양에서 지면까지의 수직 거리를 고라고 하자. 이들을 각각 제곱하여 합한 후 제곱근을 취하면 태양까지의 길이를 얻을 수 있다. 태양까지의 거리 즉, 직각삼각형 빗변의 길이를 얻는 과정이 그림에 나와 있다. 큰 정사각형의 넓이 25가 직각삼각형 빗변 길이의 제곱이므로 현이 5임을 구했던 것이다.

✎ 고대 이집트와 고대 인도에서 발견된 직각을 측정하는 방법

BC 1800년경 고대 이집트인들은 3:4:5의 길이 비를 가진 자연수의 순서쌍들이 피타고라스의 정리를 만족한다는 것을 알고 있었다. 베를린 파피루스에는 다음과 같은 수학 문제가 적혀있다.

> 넓이가 100인 정사각형은 두 개의 작은 정사각형의 면적과 같다.
> 한 변의 길이는 다른 변의 길이의 $\frac{1}{2}+\frac{1}{4}$이다.

베를린 파피루스

이집트인들은 분수를 단위 분수의 합으로 표현했다. 단위 분수란 분자가 1인 분수이다. 그래서 우리가 사용하는 $\frac{3}{4}$도 그들은 $\frac{1}{2}+\frac{1}{4}$로 나타냈다. 앞의 문제를 풀면 두 정사각형 변의 길이 비가 3:4이므로 세 정사각형 변의 길이는 각각 6, 8, 10임을 알 수 있다.

피라미드와 같은 큰 건축물을 만들 때 넘어지지 않게 하려면 건축물을 수직으로 세워야 했다. 이집트인들은 밧줄을 일정한 간격으로 매듭지어 총 열두 조각을 만든 후 길이 비 (3, 4, 5)를 이용하여 간단하게 직각을 만들어냈다.

이는 이집트인들이 이미 피타고라스의 정리를 알고 실생활에 활용하고 있었다는 것을 말해준다. 이러한 수학 지식으로 인해 만들어진 지 수천 년이 지난 지금도 피라미드가 견고하게 서 있는 것이다. 또한 고대 인도에서도 BC 500년경 15, 36, 39를 세 변으로 하는 삼각형으로 이미 직각을 만들었다고 한다.

피타고라스의 정리는 인류의 4대 고대 문명의 근원지였던 메소포타미아, 중국, 이집트, 인도에서 모두 발견되었다. 당시 문화 교류가 어려웠다는 사실로 미루어 각각 독자적으로 피타고라스의 정리를 발견했다는 사실은 굉장히 놀랍다. 이를 통해 우리는 피타고라스의 정리의 중요성과 실용성을 실감할 수 있다.

피타고라스의 정리는 직각삼각형에 대한 다양한 지식을 함축하고 있는 다재다능한 공식이다. 세 변의 길이를 알면 그 삼각형이 직각삼각형인지 아닌지 알 수 있다. 따라서 피라미드를 지을 때와 마찬가지로 대공사에서 큰 구조물을 수직으로 똑바로 세우는 일도 가능해졌다. 또한 신과 소통하기 위한 재단을 쌓을 때 완전한 직각을 위해 피타고라스의 정리를 사용했을 것이다. 반면 직각삼각형에서 두 변의 길이를 알 때 나머지 한 변의 길이를 구할 수 있다. 따라서 고대인들이 직접 측량하지 못하는 거리를 구하기 위해 피타고라스의 정리가 필요했을 것이다.

📖 피타고라스의 정리에 피타고라스 이름을 붙인 이유

　16세기 화가 라파엘로가 그린 '아테네 학당'을 살펴보자. 그림에서 동그라미 안에 있는 학자가 피타고라스이다. 피타고라스는 책과 씨름하며 열심히 수학을 연구하고 있다.

　그렇다면 왜 피타고라스의 정리가 유명해졌는지 알아보자. 피타고라스는 그리스 사모스섬에서 태어났다. 그는 수학자 탈레스의 문하생으로 들어가 몇 년 동안 학문의 기틀을 닦고 이집트와 인도 등을 돌아다니며 여러 신관에게 가르침을 받았다. 피타고라스는 당시 사원의 바닥 타일을 보고 피타고라스의 정리의

라파엘로에 그린 아테네 학당

힌트를 얻었다고 한다.

다음 그림에서 직각이등변삼각형의 빗변 위에 그려진 정사각형에는 직각이등변삼각형 모양의 바닥 타일 네 개가 들어가고 다른 두 변 위에 그려진 정사각형에는 각각 두 개씩 들어간다. 이를 보고 2+2=4임을 생각할 수 있다.

그림에서는 직각삼각형이 직각이등변삼각형인 특수한 경우이지만 피타고라스는 모든 직각삼각형의 경우까지 일반화하여 생각했다.

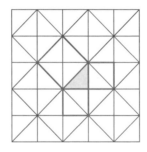

피타고라스가 어떻게 피타고라스의 정리를 설명했는지에 대한 기록이 남아있지는 않지만 다음의 그림을 이용하여 피타고라스의 정리를 설명하지 않았을까 추측해본다.

[그림 1]을 보면 한 변의 길이가 $a+b$인 정사각형은 직각을

긴 두 변의 길이가 a, b인 직각삼각형 네 개와 한 변의 길이가 c인 정사각형 한 개로 이루어져 있다. [그림 2]를 보면 한 변의 길이가 $a+b$인 정사각형은 직각을 낀 두 변의 길이가 a, b인 직각삼각형 네 개와 한 변의 길이가 a인 정사각형 한 개, 한 변의 길이가 b인 정사각형 한 개로 이루어져 있다.

즉, 한 변의 길이가 c인 정사각형 넓이는 한 변의 길이가 a인 정사각형과 한 변의 길이가 b인 정사각형 넓이의 합과 같다. 따라서 $a^2+b^2=c^2$ 이다.

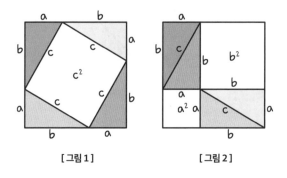

[그림 1]   [그림 2]

피타고라스는 여행을 끝내고 이탈리아 남부의 크로톤에 정착했다. 수많은 사람이 위대한 수학자의 가르침을 받기 위해 크로톤으로 모여들었다. 고대 그리스 사회에서 여성은 한 남자의 아내로 가사를 담당한다는 인식이 강했지만 피타고라스는 성별과 상관없이 누구에게나 동등한 교육의 기회를 제공했다. 최초의 여성 천문학자이자 피타고라스의 아내인 테아노도 그에게 가르침을 받던 사람 중 한 명이었다. 피타고라스에게 배움을 받은 사람들은 피타고라스 학파를 결성하여 150여 년 동안 그 명맥을 유지했다. 하지만 피타고라스는 어떠한 책도, 기록도 남기지 않았기 때문에 오직 구전과 기억력만으로 피타고라스의 가르침이 후세에 전수되었다.

피타고라스가 앞서 피타고라스의 정리를 발견한 바빌로니아인, 중국인, 이집트인, 인도인과 달랐던 점은 그가 발견한 수학 내용에 대하여 이유를 설명하려고 시도했다는 점이다. 피타고라스 이전에는 피타고라스의 수 중 일부분을 이용해 건물과 같은 실용적인 부분에 사용하는 데 초점을 두었다. 피타고라스 이전에는 직각삼각형의 몇몇 사례에만 관심이 있었지만 피타고라스는 일반적인 직각삼각형으로 대상을 확대해 그 성질을 설명했다. 즉, 모든 직각삼각형에 대하여 이러한 성질을 만족한다고 증명한 것이다.

그리스 수학자들은 자신들이 발견한 놀라운 성질들에 대해 논리적으로 접근하여 설명하고자 했다. 고대 그리스에서는 공식과 정리를 적용하여 문제를 푸는 것보다는 그 정리가 왜 성립하는지 설명하는 것이 더 중요했다. 이러한 관점으로 수학에 접근

하면서 그리스 수학은 엄청난 발전을 했고 이후의 수학 연구에 기본 토대가 되었다.

그리스의 수학자 유클리드는 그동안의 그리스 수학자들의 연구를 정리하여 《원론(element)》이라는 책을 집필했다. 이 책은 최초의 수학 교과서로 총 13권으로 이루어져 있고 기하학과 산술의 내용이 담겨있다. 특히, 1권의 기하학 내용은 현행 교육 과정의 중학교 기하학을 다루고 있다. 1권 마지막에는 피타고라스의 정리가 실려있다. 1권의 마지막을 피타고라스의 정리가 장식함으로써 기초 기하학의 정점이 바로 피타고라스의 정리임을 알려준다.

✎ 피타고라스의 정리를 설명하는 여러 가지 방법

오늘날 피타고라스의 정리를 설명하는 방법은 약 400여 가지가 있으며 지금도 새로운 설명 방법들이 발견된다. 그중 대표적인 방법 세 가지를 살펴보자.

구고현의 정리의 일반화

앞서 언급했던 구고현의 정리에서 나온 직각삼각형 변의 길이 3, 4를 a, b로 바꾸고 빗변의 길이를 구하는 그림으로 설명해보자.

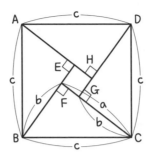

큰 정사각형의 넓이는 작은 정사각형과 네 개의 직각삼각형의 넓이와 같다. 작은 정사각형의 한 변의 길이가 $a-b$이므로 $c^2=(a-b)^2+\dfrac{1}{2}ab\times4=a^2+b^2$임을 얻을 수 있다.

가필드의 설명 방법

수학이 취미였던 미국의 20대 대통령 제임스 A. 가필드도 피타고라스의 정리를 새로운 방법으로 설명했다.

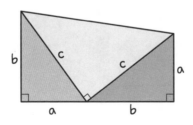

앞 페이지 그림에서 사다리꼴의 넓이는 세 삼각형 넓이의 합과 같다. $\frac{1}{2}(a+b)(a+b)=\frac{1}{2}c^2+2\times\frac{1}{2}ab$를 풀면 $c^2=a^2+b^2$을 구할 수 있다.

유클리드의 방법

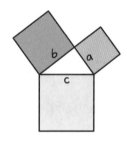

유클리드는 다항식을 이용하지 않고 기하로만 피타고라스의 정리를 설명했다. 직각삼각형을 둘러싸고 있는 두 작은 정사각형 넓이의 합이 큰 정사각형 넓이의 합과 같음을 증명하고자 했다.

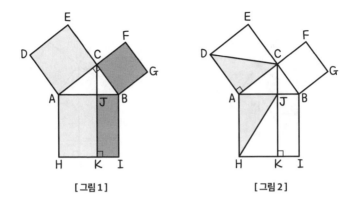

[그림 1]　　　　　　　　　　[그림 2]

　[그림 1]에서 연두색 부분의 넓이가 서로 같고, 회색 부분의 넓이가 서로 같음을 증명하면 된다. 먼저 연두색 부분의 넓이가 서로 같음을 증명해보자.

　[그림 2]에서 두 삼각형의 넓이가 서로 같으면 이 두 삼각형은 [그림 1]의 연두색 사각형 넓이의 반이므로 두 직사각형 넓이도 같다. 그러면 두 삼각형의 넓이가 서로 같음을 증명해보자.

　이를 설명하기 위해서는 우선 '① 밑변의 길이가 같고 높이가 같은 두 삼각형의 넓이는 서로 같다. ② 두 변의 길이가 같고 그 끼인각의 크기가 같은 두 삼각형은 합동이다.'라는 두 가지 사실이 필요하다.

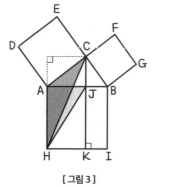 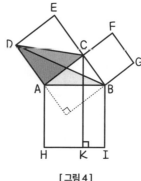

[그림 3]　　　　　[그림 4]

　삼각형AJH와 넓이가 같은 삼각형을 찾을 때 '① 밑변의 길이가 같고 높이가 같은 두 삼각형의 넓이는 서로 같다.'를 이용하면 [그림 3]의 삼각형CAH와 밑변을 공유하고 높이가 같으므로 두 삼각형의 넓이가 같음을 알 수 있다. 같은 방법으로 [그림 4]에서 삼각형ACD와 넓이가 같은 삼각형DAB를 찾을 수 있다.

　이제 삼각형CAH와 삼각형DAB의 넓이가 같음을 증명해보자. [그림 5]에서 각DAB와 각CAH의 크기는 각CAB와 직각의 합으로 서로 같다. 이들을 끼인각으로 하는 두 삼각형의 나머지 두 변의 길이도 서로 같으므로 '② 두 변의 길이가 같고 그 끼인각의 크기가 같은 두 삼각형은 합동이다.'를 이용하면 두 삼각형은 합동이다. 따라서 두 삼각형의 넓이가 같으므로 삼각형CAH=삼각형DAB이다.

44

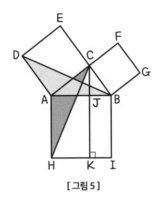

[그림 5]

[그림 3]과 [그림 4]에서 삼각형CAH＝삼각형AJH와 삼각형
ACD＝삼각형DAB임을 증명했으므로 삼각형AJH＝삼각형ACD
이다. 따라서 처음에 증명하려 했던 [그림 1]의 연두색 사각형
ACED와 사각형AHKJ의 넓이는 같다.

이와 같은 방법으로 [그림 1]의 회색 사각형들의 넓이도 같다
는 것을 증명하면 피타고라스의 정리가 성립함을 설명할 수 있다.

✎ 피타고라스의 정리에 대한 새로운 접근 방법

수학은 비슷한 상황이라도 주어진 조건을 일부 바꿔보면 그 결과가 조건을 바꾸기 전의 결과와 비슷할 때도 있고 전혀 다른 결과가 나올 때도 있다. 피타고라스의 정리는 직각삼각형을 둘러싼 정사각형의 넓이의 관계를 말해준다. 그렇다면 정사각형을 정삼각형, 정오각형, 반원 등으로 바꾸면 어떻게 될까?

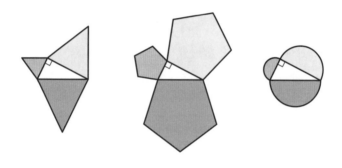

피타고라스의 정리와 마찬가지로 두 개의 작은 도형의 넓이의 합이 하나의 큰 도형의 넓이와 같다. 그 이유는 닮음 때문이다.

정다각형이나 반원은 항상 닮음이므로 직각삼각형 변의 길이의 비가 바로 닮음비가 된다. 넓이의 비는 닮음비의 제곱과 같으므로 (큰 도형의 넓이) : (작은 두 도형의 넓이의 합)$=c^2 : a^2+b^2$이다.

따라서 $c^2=a^2+b^2$임을 이용하면 작은 두 도형의 넓이의 합이 하나의 큰 도형의 넓이와 같다.

이번에는 평면도형에서 입체도형으로 확대해보자. 직각삼각형을 둘러싼 정육면체의 부피는 어떤 관계에 있을까?

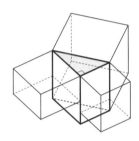

이를 식으로 나타낸다면 $c^3=a^3+b^3$이다. 피타고라스의 수는 $c^2=a^2+b^2$을 만족하는 자연수의 순서쌍이다. 그렇다면 제곱을 세제곱으로 바꿔서 $c^3=a^3+b^3$을 만족하는 자연수의 순서쌍을 찾아보면 어떨까?

a, b, c에 피타고라스의 수 (3, 4, 5)를 대입해보면 등식이 성립하지 않음을 쉽게 알 수 있다. 피타고라스의 수가 아니더라도 적당한 자연수의 순서쌍을 찾을 수 있을 것 같지만 생각보다 쉽지 않다. 그렇다면 $c^4=a^4+b^4$을 만족하는 자연수의 순서쌍은

있을까? $c^5 = a^5 + b^5$은 어떨까? 아무리 찾아도 찾을 수 없을 것이다.

그렇다면 위의 등식을 만족하는 자연수의 순서쌍은 항상 없다고 할 수 있을까? 진짜 없다면 왜 없는 걸까? 사실 이 질문에 답하기는 무척 어렵다. 이 등식을 만족하는 자연수가 나오지 않는다는 것을 설명하기 위해 무한히 많은 자연수를 직접 대입해볼 수는 없기 때문이다. 그렇다고 몇천 개, 몇만 개를 대입해보고 안 된다고 해서 '모든 자연수에 대하여 성립하지 않는다.'라고 결론 지을 수도 없다.

이것이 바로 '페르마의 마지막 정리'라는 이름을 가진 수학 문제이다. 이 정리는 1637년 수학자 페르마가 남겨놓은 메모에서 비롯되었다. 그러나 300년 동안 아무도 설명하지 못하여 수학자들을 괴롭혔던 악명 높은 난제였다. 그리고 마침내 1994년 수학자 와일즈가 n이 3 이상인 자연수일 때 $c^n = a^n + b^n$을 만족하는 자연수 a, b, c는 존재하지 않음을 밝혔다.

키워드

중2 과정 # 피타고라스의 정리 # 피타고라스의 수 # $c^2 = a^2 + b^2$

파이로 파이 구하기

✎ 파이데이? π 데이!

2월 14일 밸런타인데이는 사랑하는 사람들끼리 초콜릿을 선물하는 날이다. 반면 3월 14일 화이트데이는 밸런타인데이에 선물 받은 사람이 답례로 사탕을 선물하는 날이라고 알려져 있다. 밸런타인데이는 전 세계인이 아는 행사이지만 화이트데이를 기념하는 나라는 한국과 일본 등 아시아 일부 나라뿐이다.

지금처럼 밸런타인데이가 유행하기 시작한 계기는 1958년에 일본의 유명 과자 회사가 여성들에게 초콜릿을 통한 사랑 고백 캠페인을 홍보하면서였다. 화이트데이 또한 일본의 사탕 회사가 매출 증진을 위해 1980년에 기념일을 만들어 마시멜로를 선물하는 문화를 유행시키면서 시작되었다.

그러나 현재 유럽, 미국 등 대부분의 나라에서는 3월 14일을

화이트데이가 아닌 'π(파이) 데이'라고 부르며 다양한 행사를 즐긴다. 세계적으로 가장 유명한 숫자 중 하나인 π는 3.141592…로 소수점 아래로 숫자가 계속 나열된 수를 말한다. 초등학교에서 π는 계산하기 용이하도록 약 3.14로 정해놓고 계산한다. 따라서 3월 14일이 π데이인 것은 자연스럽다.

π데이가 알려지기 시작한 것은 1990년대 초반 미국의 하버드대학과 MIT, 영국의 옥스퍼드대학 등 유명 대학에서 수학을 전공한 학생들이 'π클럽' 동아리를 만들어 π데이 기념행사를 열면서 시작되었다. 게다가 독일의 세계적인 물리학자 아인슈타인의 생일이 3월 14일이었기 때문에 π데이는 전 세계인이 즐기는 축제의 장이 되었다.

이 열기를 이어받아 최근에 우리나라 학교에서도 π데이 행사를 시작했다. 무한히 긴 π의 소수점 아래 숫자를 외우는 대회를 열기도 하고 수많은 숫자 나열 중 자신의 생일, 학번, 휴대폰 번호 등 의미 있는 숫자 찾기 활동도 한다. πkm만큼 달리기를 하는 체육 행사도 있으며 직접 파이를 만들기도 한다. 영어로 π는 'pi', 먹는 파이는 'pie'라고 쓰지만 둘 다 발음이 '파이'이어서 행사의 상품은 당연히 동그란 초코파이이다. 초코파이와 함께 달콤

한 π데이 행사를 즐기는 아이들의 얼굴이 너무 사랑스럽다.

📝 π란 무엇일까

π란 원주율로 $\dfrac{\text{(원의 둘레 길이)}}{\text{(원의 지름의 길이)}}$ 이다. 크기에 상관없이 어떤 원이라도 원주율은 항상 일정하다. 원주율을 표기하는 그리스 문자 π는 둘레를 뜻하는 고대 그리스어 '페리메트로스($\pi\varepsilon\rho\iota\mu\varepsilon\tau\rho o\varsigma$)'의 첫 글자를 딴 것으로, 스위스의 수학자 오일러가 처음으로 원주율을 π라고 부르기 시작한 후 대중화되었다.

그렇다면 왜 모든 원의 원주율은 π뿐일까? 그 이유는 닮음에 있다. 모든 원은 닮은 도형이다. 따라서 원의 지름이 두 배, 세 배가 되면 원의 둘레 길이도 두 배, 세 배가 된다. 따라서 모든 원의 원주율은 같다.

📝 파이(pie)로 파이(π) 구해보기

EBS에서 π데이 프로젝트로 '파이로 π 구하기' 실험을 했다. 바닥에 큰 원 하나와 그 원의 지름을 그린다. 그리고 잔뜩 사온 파이를 그려놓은 선 위에 하나씩 놓아둔다. 그러면 그림과 같이

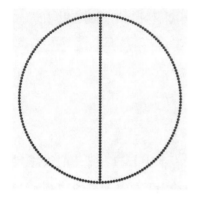

파이로 만든 큰 원이 만들어진다.

원의 둘레로 사용한 파이는 193개와 $\frac{1}{3}$조각이고, 원의 지름에 사용한 파이는 61개이다. 사용한 파이로 π을 구하면 $\frac{193.33\cdots}{61}$, 약 3.17이 나온다. 실제 π의 값(약 3.14)과 오차가 나는 이유는 무엇일까?

첫째, 사용한 파이들의 크기가 일정하지 않기 때문이다. 작은 파이와 큰 파이가 섞여있으므로 원주율에 오차가 생길 수 있다. 둘째, 파이들이 원 위에 놓여있지만 파이들의 지름은 $193\frac{1}{3}$각형을 만든다. 이는 원이 아니라 원과 비슷한 다각형이므로 원주율을 구했을 때 오차가 생길 수밖에 없다.

이번에는 초코파이 한 개, 실, 자, 계산기를 이용해 파이로 π를 구해보자.

우선, 초코파이의 둘레 길이를 구한다. 실로 초코파이를 한 바퀴 둘러 실의 시작점과 끝점에 표시한 후 그 길이를 자로 재면 20.5cm가 나온다.

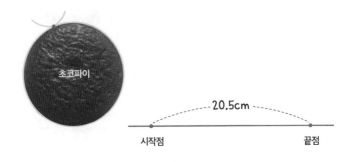

그리고 나서 초코파이의 지름을 재면 되는데 가장 먼저 원의 중심부터 찾아야 한다. 손가락 위에 초코파이를 올려보면 기울어지지 않고 균형을 잡을 수 있는 곳이 있는데 그곳이 바로 초코파이의 무게 중심이자 원의 중심이다. 초코파이의 무게 중심을 지나는 직선이 초코파이의 지름이다. 실을 초코파이의 중심에 가로지르게 놓고 초코파이의 둘레와 만나는 점들을 표시한다. 점과 점 사이의 길이를 자로 재면 초코파이의 지름은 6.5cm가 나온다.

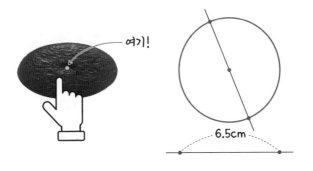

초코파이의 둘레 길이와 지름의 길이로 원주율을 계산해보면 $\frac{20.5}{6.5}$ =3.1538…로 초코파이의 원주율은 약 3.15가 나온다. 비슷한 결과이지만 우리가 구하고자 했던 π의 값(약 3.14)이 완벽하게 나오지는 않았다.

왜 그럴까? 여러 가지 이유가 있지만 첫 번째는 초코파이가 완벽한 원이 아니기 때문이다. 실제 사물이다 보니 원과 비슷한 모양이지만 수학에서 다루는 완벽한 원이라고는 할 수 없다. 두 번째는 원의 중심을 정확하게 잡을 수 없기 때문이다. 초코파이가 완벽한 원이 아니기 때문에 무게 중심 또한 정확한 원의 중심이라고 할 수 없다. 또 손가락으로 원의 중심을 찾았기 때문에 뭉툭한 손가락이 원의 중심 근처를 찾아준 것이지 정확한 원의 중심과 오차가 있을 수 있다.

오차가 있긴 하지만 이와 같은 간단한 실험으로 원주율을 계산할 수 있었다. 그렇다면 수학자들은 어떠한 방법으로 원주율을 계산해서 π값을 구했을까?

✎ π가 3이 아닌 이유

원의 넓이나 둘레 길이를 구하는 수학 수업을 들으면서 왜 원주율은 3.14와 같이 복잡한 수일까라는 생각을 해보았을 것이다.

그냥 반올림해서 3과 같이 딱 떨어지는 수라면 계산이 복잡하지 않을텐데 말이다.

3,700여 년 전 고대 바빌로니아인들이 원주율을 계산했다는 내용의 점토판이 발견되었다. 그곳에는 바빌로니아인들이 원에 내접하는 정육각형의 둘레 길이와 원의 둘레 길이의 비를 구한 것이 새겨져 있었다.

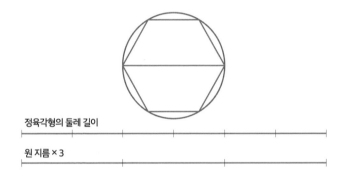

그들은 원에 내접하는 정육각형의 둘레 길이가 원 지름의 세 배임을 알고 있었다. 만약 원주율을 간단하게 3으로 계산한다면 원에 내접하는 정육각형의 둘레 길이와 원의 둘레 길이를 같다고 생각하게 된다.

바빌로니아인들은 $\dfrac{(정육각형의\ 둘레\ 길이)}{(원의\ 둘레\ 길이)}=0.96$으로 보았다. 정육각형의 둘레 길이가 지름의 세 배임을 이용하여 그들은

아메스 파피루스

원주율을 3.125로 계산했다.

고대 이집트인들 역시 원주율을 구하려고 했다. 역사 기록가 아메스가 쓴 '아메스 파피루스'는 1858년 영국의 고고학자 린드가 이집트 도시 근처에서 발견해 '린드 파피루스'라고 부르기도 한다. 아메스 파피루스에는 총 87개의 수학 문제가 실려있다. 이것은 글을 읽고, 쓰고, 계산할 줄 알았던 당시 이집트 학자들을 지도하기 위해 만든 하나의 수학 교과서로, 자연수와 분수를 포함한 여러 가지 계산법과 일차방정식, 도형의 넓이 등을 이용하여 곡물과 빵의 성분, 맥주의 농도, 소와 가축에게 먹일 사료의 비율, 곡물의 저장 및 보존 방법 등 다양한 문제가 있다. 아메스 파피루스의 길이는 약 550cm 정도로 둘둘 말아 사용했으며 지금은 영국의 대영 박물관에 소장되어있다.

이 중 문제 50번에는 '지름이 9인 원 모양의 땅 넓이는 한 변의 길이가 8인 정사각형 모양의 땅 넓이와 같다'라고 나온다. 이집트인들은 비슷한 크기의 돌로 원 모양의 땅을 채워보고, 같은 개수의 돌로 정사각형 모양의 땅을 채워본 후 이를 발견했다고 한다.

오늘날 원의 넓이를 구하는 공식은 πr^2이며, 이때 원의 반지름이 r이다. 이집트인들은 $\pi\left(\dfrac{9}{2}\right)^2 = 8^2$으로 계산했다. 이 식을 풀어보면 이집트인들은 원주율을 $\dfrac{256}{81} = 3.16\cdots$으로 계산했음을 알 수 있다.

✎ 아르키메데스의 원주율 계산 방법

3.14와 비슷하게 원주율을 계산한 사람이 바로 아르키메데스이다. 아르키메데스는 도형의 넓이와 부피 계산에 탁월한 업적을 남겼다. 가장 널리 알려진 아르키메데스의 일화는 부력의 원리를 발견한 사건이다.

당시 왕은 금세공사에게 순금을 주고 신에게 바칠 금관을 만들라고 했다. 금세공사가 만든 금관을 받아든 왕은 금관에 은이 섞인 것은 아닌지 의심했고 아르키메데스에게 이를 확인하라고 했다.

아르키메데스는 목욕을 하다가 이 문제의 실마리를 찾았다. 욕조에 들어가자 물이 차오르는 것을 보고 그는 서로 다른 물질은 같은 무게라도 밀도가 다르므로 차지하는 부피가 다르다는 사실을 발견했다. 이 사실을 깨달은 아르키메데스는 옷 입는 것도 잊은 채 밖으로 뛰쳐나와 "유레카(찾았다)!"를 외치며 돌아다

넜다고 한다. 이 실험을 통해 그는 금세공사가 속임수를 썼다는 것을 찾아냈다.

아르키메데스는 여러 도형으로 다각형이 원에 내접하는 경우와 외접하는 경우를 비교하여 원주율의 범위를 구했다. 원의 둘레는 외접하는 다각형 둘레의 길이보다 짧고, 내접하는 다각형 둘레의 길이보다 길다.

다음의 그림처럼 사각형부터 시작하여 점점 다각형의 변이 많아질수록 외접하는 다각형과 내접하는 다각형 둘레의 차가 작아지므로 원 둘레의 범위를 점점 더 정교하게 구할 수 있다는 것이 그의 생각이었다.

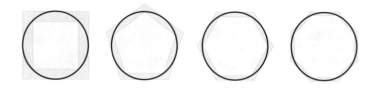

사각형을 예로 들어보자. 지름을 R이라고 하면 외접하는 사각형 둘레의 길이는 4R이다. 반면 내접하는 사각형의 대각선 길이가 R이므로 피타고라스의 정리를 이용하면 내접하는 사각형 한

변의 길이는 $\frac{\sqrt{2}}{2}$R임을 구할 수 있다. 따라서 내접하는 사각형 둘레의 길이는 $2\sqrt{2}$R이 된다.

$\frac{2\sqrt{2}R}{R} = 2\sqrt{2} <$ (원주율) $< \frac{4R}{R} = 4$이므로 원주율의 범위를 계산해보면 약 2.83보다는 크고 4보다 작음을 알 수 있다.

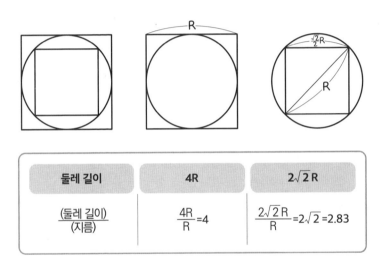

둘레 길이	4R	$2\sqrt{2}$R
$\frac{(둘레 길이)}{(지름)}$	$\frac{4R}{R} = 4$	$\frac{2\sqrt{2}R}{R} = 2\sqrt{2} = 2.83$

이러한 계산을 통하여 아르키메데스는 96각형까지 계산했고, 결국 $3\frac{10}{71} <$ (원주율) $< 3\frac{1}{7}$임을 발견했다. 이를 소수로 나타내면 원주율의 근삿값인 3.14이다.

중국의 수학자 유휘는 3세기에 아르키메데스와 비슷한 방법으로 원주율을 계산했다. 유휘는 원에 내접하는 다각형을 이용하여 원주율을 계산했는데 정12각형부터 정24각형, 정48각형, 정96각형을 넘어 정192각형까지 사용해 원주율을 더욱 정교하게 계산했다. 유휘와 아르키메데스의 방법을 이용하여 수많은 수학자가 1,600년간 원주율을 구했다. 그래서 원주율을 '아르키메데스의 상수'라고 부르기도 한다.

📝 π의 정체

수학이 발전함에 따라 아르키메데스와는 다른 방법으로 π를 구하는 새로운 시도가 나타났다. 일반적으로 '수'라고 하면 그것은 '실수(real number)'를 의미한다. 실수는 유리수와 무리수로 나뉜다. 유리수(rational number)는 분수 꼴로 나타낼 수 있는 수이다. 유리수를 소수로 나타내면 소수점 아래의 자릿수가 유한한 유한소수와 소수점 아래의 자릿수가 무한하면서 일정한 수의 배열이 반복되는 순환소수가 된다.

반면 소수점 아래의 자릿수가 무한하면서 순환하지 않는 소수를 무리수(irrational number)라고 한다. 대표적인 무리수 $\sqrt{2}$와 $\sqrt{3}$은 이차방정식 $x^2 - 2 = 0$, $x^2 - 3 = 0$의 근이다. 무리수의 개념이 없었던 고대에는 원주율이 유리수라고 생각했다.

$$\text{실수} \begin{cases} \text{유리수} \begin{cases} \text{유한소수} \\ \text{순환소수} \end{cases} \\ \text{무리수 = 순환하지 않는 무한소수} \end{cases}$$

1400년경 수학이 발전하면서 수학자들은 무한급수를 사용하여 원주율을 계산하기 시작했다. 오일러가 원주율을 π로 부른 이후 1761년 독일의 물리학자 람베르트는 π가 소수점 아래 순환하지 않는 무한소수, 즉 무리수라는 것을 증명했다.

또한 1882년 독일의 수학자 린데만은 π가 $\sqrt{2}$, $\sqrt{3}$처럼 방정식을 통하여 얻을 수 있는 근이 아니라고 밝혔다. 이를 현대 수학에서는 '초월수'라고 한다. 현재는 컴퓨터의 발달로 무한대로 이어지는 π의 소수점 아래 자릿수가 22조가 넘는다는 것이 밝혀졌다. 지금도 π를 구하는 도전은 계속되고 있다.

✎ π를 구하려는 끊임없는 시도

왜 수학자들은 수천 년 동안 원주율에 집중했고 계속해서 원주율의 숫자를 밝혀내는 데 노력하는 것일까? 예로부터 원은 태양이나 하늘을 상징했다. 또한 한 도형 안에는 도형의 시작과 끝이 함께 있기 때문에 원은 그 자체로 완전함과 영원함을 상징했다. 사람들은 사후 세계에 대한 호기심을 풀기 위해, 태양과 별, 지구의 움직임을 연구하기 위해, 원 자체가 가지고 있는 기하학적 특성을 밝혀내기 위해 원을 연구했다. 그런 의미에서 원의 지름과 둘레의 관계에서 파생되는 원주율은 고대부터 수학자들에게 큰 도전 과제였다.

또한 현대에 들어와서는 효율적이고 효과적으로 π의 정확한 값을 구하는 것은 진리를 추구하는 많은 수학자를 매료시킬 만한 충분한 소재이다. 다른 시각으로 보면 원주율의 자릿수를 계속 구하는 것이 무슨 쓸모가 있느냐는 의문이 들 수도 있지만 그것은 수학자들에게는 소용없는 질문이다. 위대한 수학자이자 물리학자인 뉴턴은 죽기 전에 이런 명언을 남겼다.

진리는 망망대해와 같다.
나는 고작 바닷가에서 조개를 주워 기뻐하는 아이일 뿐이다.

진리에 대한 답은 우리가 생각할 수 없는 저 멀리에 있다. 등산가들이 산이 있기에 산을 오르는 것처럼 수학자들도 진리를 추구하는 것뿐이다. 그러나 수학의 정말 신기한 점은 의도하지 않아도 이러한 수학 연구들이 생각지도 않은 곳에서 유용하게 사용된다는 점이다.

π에서 나타나는 수열은 0~9까지의 숫자가 거의 균등하게 출현하지만 어떠한 규칙도 없이 나열된다. 한 자리의 숫자를 구한 후 계속 계산하지 않는 한 그다음 자리 숫자가 무엇이 올지 예측할 수 없다. 난수(random number)표란 무작위로 선택된 0~9까지의 숫자가 균등하게 출현하도록 임의의 숫자를 잔뜩 배열해놓은 표이다. π의 소수점 아래 숫자는 난수표라고 생각할 수 있다.

오늘날 많은 암호가 이 난수를 기반으로 작동한다. 예를 들어 온라인 뱅킹을 위한 보안 카드는 일종의 난수표이다. 이렇게 수학자들이 순수하게 진리를 연구한 결과를 현대 수학에 유용하게 사용하는 경우가 빈번하다. 뉴턴의 말처럼 진리의 세계는 넓고 우리는 몇 개의 조개만 알고 있다. 그 조개들이 어떤 관계로 어떻게 진리의 세계를 이루는지는 누구도 알 수 없다.

키워드

중1 과정   # 중2 과정   # 중3 과정   # 평면도형   # 유리수와 소수
제곱근과 실수   # 원주율, π # 유한소수, 순환소수
실수, 순환하지 않는 무한소수, 무리수

지구 둘레
구하는 방법

✎ 지구의 둘레에 밧줄을 두르는 문제

지구 둘레를 밧줄로 한 바퀴 두른 후 길이를 쟀다. 그리고 그 밧줄을 10m 더 길게 늘린 후 지구의 표면에서 일정한 거리만큼 띄워 다시 지구 둘레를 두른다면 지구와 밧줄 사이로 지나갈 수 있는 가장 큰 것은 무엇일까?

(단, 지구가 완전한 구라고 생각하자.)

① 종이 한 장   ② 개미   ③ 축구공   ④ 사람   ⑤ 코끼리

이 문제를 처음 보면 아마 답을 종이 한 장이나 개미처럼 아주 작은 물체라고 생각했을 것이다. 지구 둘레의 길이에 비해 10m 는 너무 짧은 길이이기 때문이다. 현실적으로 지구의 둘레를 밧줄로 잴 수 없으니 농구공으로 실험해보자.

농구공의 반지름이 r cm라고 하면 농구공의 둘레는 $2\pi r$ cm 이다. 만약 밧줄을 농구공 주위로 8cm 띄워 농구공을 두르려면 밧줄은 총 몇 cm가 더 필요할까? 밧줄을 농구공에서 8cm 띄워 두르면 농구공보다 더 큰 원이 만들어지고 반지름은 $(r+8)$cm 가 된다. 따라서 큰 원의 둘레는 $2\pi(r+8)$cm이며 기존의 밧줄 보다 $2\pi(r+8) - 2\pi r = 16\pi$ cm가 더 필요하다. π를 3.14로 계산 하면 약 50cm의 밧줄이 더 필요하다.

이제 지구로 돌아가서 지구의 적도를 감쌀 수 있는 밧줄이 있다고 가정해보자. 이 밧줄을 지구 표면에서 8cm 띄워 지구 를 감싸려면 밧줄이 얼마나 더 필요할까? 답은 농구공과 같이 50cm이다. 농구공으로 사용한 반지름의 길이 r cm가 지구의 반 지름이라고 생각하면 되기 때문이다. 즉, 원의 반지름 길이와는 상관없이 기존의 원보다 반지름이 8cm가 늘어나면 원의 둘레 길이가 50cm 증가한다.

이제 문제의 답을 구해보자. 50cm의 밧줄이 더 있으면 8cm 만큼 지구에서 띄울 수 있으므로 밧줄 10m가 더 있으면 8cm의 20배인 160cm를 띄울 수 있다. 따라서 답은 ④ 사람이다. 이 문제는 1700년대의 수학 퍼즐인데 의외의 답으로 당시 사람들을 놀라게 했다.

✎ 지구의 둘레를 최초로 측정한 사람

지구의 둘레를 최초로 측정한 사람은 누구일까? 바로 그리스의 수학자 에라토스테네스이다. 그는 수학뿐 아니라 천문학과 문학에도 관심이 많았다. 그의 업적 중 하나는 최초로 지구 둘레의 길이를 측정한 것이다. 사실 지구가 둥글다는 것이 확실하게 밝혀진 것은 약 500년 전 콜럼버스와 마젤란의 항해에 의해서였다. 하지만 에라토스테네스는 이미 2,200년 전에 지구가 둥글다고 생각했고 지구의 크기를 계산했다.

에라토스테네스는 시에네 마을에서 하짓날 정오가 되면 햇빛이 깊은 우물 바닥까지 닿는다는 소식을 들었다. 이는 시에네 마을에서 하짓날 정오에 해가 머리 바로 위에서 수직으로 비친다는 것을 의미했다. 그래서 땅에 막대를 수직으로 세우면 그림자가 생기지 않았다.

에라토스테네스는 알렉산드리아에서 지구 둘레의 길이를 측정하는 실험을 시작했다. 하짓날 정오 땅에 막대를 수직으로 세워 막대와 그림자의 끝이 이루는 각의 크기를 재었더니 7.2°였

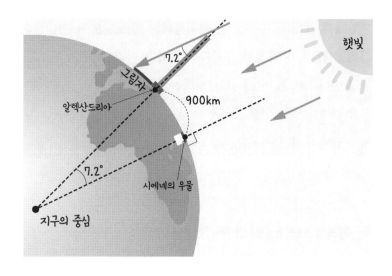

다. 또 시에네와 알렉산드리아를 직접 걸어가보고 그 두 마을의 거리가 5,000스타디아(900km) 정도 된다는 것을 확인했다.

그는 호의 길이는 원의 중심각 크기에 비례한다는 사실과 평행선과 어느 한 직선이 만날 때 생기는 두 엇각의 크기는 서로 같다는 사실을 이용하여 지구의 둘레를 계산했다.

태양광은 평행하므로 알렉산드리아와 시에네의 거리를 호로 가지는 중심각은 막대와 태양광이 이루는 각 7.2°와 엇각이므로 그 크기가 같다. 호의 길이는 원의 중심각 크기에 비례하므로 비례식 7.2° : 360° = 900km : (지구의 둘레)를 세울 수 있다. 이 식을 풀어보면 (지구의 둘레) = 45,000km가 된다.

현재 우리가 알고 있는 지구의 둘레는 약 40,030km이다. 에라토스테네스가 측정한 결과와는 오차가 있다. 지구는 완전한 구가 아니라는 점, 당시 1스타디아는 600포데스였고, 포데스는 성인 남성의 발 크기를 기준으로 삼았기 때문에 나라마다 그 길이가 달라 오차가 생겼다.

✏️ 에라토스테네스의 체

에라토스테네스는 중학교에 입학하면 가장 처음 접하는 수학자의 이름이다. '에라토스테네스의 체'로 유명한 그는 자연수 중에서 소수를 찾는 효과적인 방법을 개발했다.

자연수 중에는 모든 수의 기본이 되는 중요한 수가 있는데 그것이 바로 '소수(prime number)'이다. 소수란 다른 자연수로 더 이상 쪼개지지 않는 가장 기본이 되는 수이며, 1과 자기 자신 외에 다른 약수를 가지지 않는 수이다. 2, 3, 5, 7… 등이 소수이며 소수는 무한하다. 소수는 영어로 'prime number'라고 하는데, prime이라는 단어에서 소수의 중요성이 느껴진다.

소수는 자연수를 이루는 가장 기초적인 수로 어떤 자연수든지 소수의 곱으로 표현할 수 있으며 그 표현 방법은 유일하다. $12=2^2\times3$, $27=3^3$, $30=2\times3\times5$ 처럼 모든 자연수는 소수의 곱으로 유일하게 표현할 수 있다.

그렇다면 왜 가장 작은 자연수 1은 소수로 생각하지 않는 걸까? 만약 1이 소수라면 $12=1\times2^2\times3=1^4\times2^2\times3=1^{10}\times2^2\times3$과 같이 어떤 자연수를 소수의 곱으로 표현했을 때 그 표현이 유일하지 않다. 따라서 예외적으로 1은 소수도, 합성수도 아닌 수로 생각했다.

이제 '에라토스테네스의 체'에 대해 살펴보자. 체란 작은 구멍이 뚫린 주방 도구로, 가루나 곡식을 넣고 흔들면 큰 덩어리는 체 위에 남고 작은 가루만 체 밑으로 떨어진다. 에라토스테네스의 체는 이와 같은 원리를 이용해서 소수를 거른다. 이 방법으로 50 이하의 소수를 찾아보자.

1단계 : 1부터 50까지의 수를 나열해보자.

2단계 : 먼저 소수도 합성수도 아닌 1을 지운다.

3단계 : 2는 약수가 자기 자신과 1뿐이므로 가장 작은 소수이다. 방금 찾은 소수 2를 제외한 2의 배수는 체에 거르듯이 모두 지운다. 다음의 그림에서는 검은색으로 지웠다.

4단계 : 이제 남은 수 중 가장 작은 수인 3을 보자. 3도 소수이다. 이제 3을 제외한 3의 배수를 모두 지운다. 다음의 그림에서 연두색으로 지웠다.

5단계 : 앞의 단계를 반복하며 소수를 찾고, 그 소수의 배수를 지우면서 남아있는 수 중 그다음으로 큰 소수를 찾는 것을 반복한다.

1	2	3	4	5	6	7
8	9	10	11	12	13	14
15	16	17	18	19	20	21
22	23	24	25	26	27	28
29	30	31	32	33	34	35
36	37	38	39	40	41	42
43	44	45	46	47	48	49

50 이하의 소수를 모두 찾아보니 2, 3, 5, 7, 11, 13, 17, 19, 23, 29, 31, 37, 41, 43, 47로 모두 열다섯 개이다.

여기에서 잠깐 퀴즈! 50 이하의 소수를 찾아볼 때는 소수 2, 3, 5, 7까지 확인하고 체에 거르면 남아있는 수가 모두 소수이다. 7보다 더 큰 소수인 11, 13, 17···47을 체에 걸러 확인해야 하는데 왜 7까지만 확인하면 될까?

바로 7의 제곱이 49이기 때문이다. 50은 2의 배수이므로 2의 배수를 지워나갈 때 50도 지워진다. 그러므로 49까지의 숫자에서 소수를 생각해보면 된다.

만약 49 이하의 어떤 수가 1이 아닌 두 수 a와 b의 곱이라고 하자. 만약 a가 7보다 더 큰 소수라면 b는 7보다 작아야 한다. 따라서 b는 2, 3, 4, 5, 6 중 하나이다. 따라서 이 수는 a를 이용하여 체에 거르기 전에 2, 3, 5의 체에 걸러졌을 것이다. 그러므로 우리는 7까지만 시행해보면 50 이하의 모든 소수를 찾을

수 있다. 그렇다면 100까지의 소수를 찾는 과정은 어떨까? 이때
도 7까지만 찾아주면 되는데 그 이유는 7보다 큰 다음 소수인
11의 제곱이 121로 100을 넘어가기 때문이다.

이와 같이 수학 문제를 풀 때 어떤 방법을 이용하면 효율적으
로 풀이할 수 있는지 고민하고 그 방법이 왜 효과적인지 분석하
는 습관을 들인다면 수학적 사고력을 키울 수 있다.

✎ 구의 부피를 구한 아르키메데스

π를 계산한 아르키메데스와 에라토스테네스는 절친한 친구
사이였다. 그들은 서로의 연구 내용을 주고받으며 학자로 성장
했고 둘 다 그리스 후기의 위대한 수학자가 되었다. 1906년에
발견된 에라토스테네스에게 보낸 아르키메데스의 편지에는 구
의 부피를 구하는 방법이 적혀있었다.

아르키메데스는 구의 반지름이 r일 때 구의 부피가 $\frac{4}{3}\pi r^3$이
라는 것을 발견했다. 에라토스테네스는 지구의 둘레를 측정했
고, 아르키메데스는 π를 계산했으므로 그들은 지구의 반지름 길
이를 알 수 있었다.

아르키메데스가 발견한 구의 부피를 구하는 공식을 이용하면
지구의 부피 또한 구할 수 있었다. 아르키메데스는 지렛대의 원

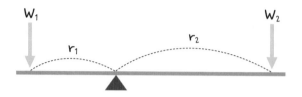

리를 이용하여 '나에게 충분히 긴 지렛대와 그 지렛대를 받쳐줄 적당한 받침대가 주어진다면 지구를 들어보이겠다'라고 호언장담했다.

지레의 원리란 위의 그림과 같이 서로 다른 무게를 가진 물체 W_1과 W_2를 받침점에서의 거리 r_1과 r_2에 놓았을 때 서로 평형을 이룬다면 $W_1 r_1 = W_2 r_2$를 만족한다는 것이다. 아르키메데스는 지레의 원리와 원뿔, 원기둥의 부피를 이용하여 구의 부피를 구했다. 이를 통해 원뿔과 원기둥, 구의 부피 간의 관계도 설명할 수 있다.

우선 기둥과 뿔의 관계를 살펴보자. 사각기둥의 부피는 밑면의 넓이와 높이의 곱이다. 다음의 그림처럼 밑면이 같고 높이가 같은 사각뿔 세 개로 사각기둥을 만들 수 있으므로 사각뿔의 부피는 사각기둥 부피의 $\frac{1}{3}$이다.

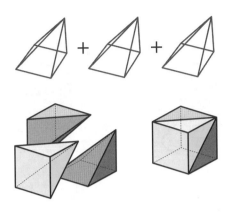

아르키메데스는 다각형의 변의 수가 많으면 많을수록 원에 가까워진다고 생각했다. 이에 따르면 사각기둥과 사각뿔의 관계를 원기둥과 원뿔의 관계로 확장할 수 있다. 따라서 밑면의 원이 서로 합동이고 높이가 같은 원뿔과 원기둥에서 원뿔의 부피는 원기둥 부피의 $\frac{1}{3}$이다.

아르키메데스가 설명한 구의 부피를 구하는 원리를 간단히 그림으로 그려보자.

받침점의 왼쪽에서는 밑면의 반지름이 $2r$인 원과 높이가 $2r$인 원뿔 그리고 반지름이 r인 구가 있고, 받침점의 오른쪽에는 밑면의 반지름과 높이가 $2r$인 원기둥이 있다.

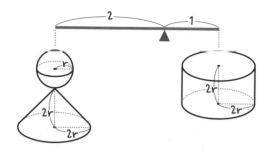

그리고 받침점으로 거리가 2:1로 평형을 이루고 있다. 지레의 원리를 이용하여 식으로 나타내면 다음과 같다.

$$2\{(구의\ 부피) + (원뿔의\ 부피)\} = (원기둥의\ 부피)$$

$$2\left\{(구의\ 부피) + \pi(2r)^2 \times 2r \times \frac{1}{3}\right\} = \pi(2r)^2 \times 2r$$

$$(구의\ 부피) + \frac{8}{3}\pi r^3 = 4\pi r^3$$

$$(구의\ 부피) = \frac{4}{3}\pi r^3$$

아르키메데스는 구의 부피를 설명할 때 구의 단면 중 가장 큰 원을 밑면으로 하고 구의 반지름을 높이로 하는 원뿔의 부피의 네 배와 구의 부피가 같다고 했다.

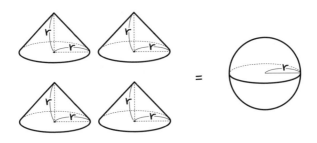

이를 현대식으로 계산하면 $4 \times \frac{1}{3} \times \pi r^2 \times r = \frac{4}{3}\pi r^3$을 구할 수 있다. 아르키메데스는 구의 부피와 원뿔의 부피, 원기둥의 부피를 발견한 것을 자신의 묘비에 새겨달라는 유언을 남겼을 정도로 굉장히 자랑스러워했다.

다음 그림과 같이 반지름이 r이고, 높이가 같은 $2r$인 원뿔과 원기둥, 반지름이 r인 구의 부피비를 구해보자.

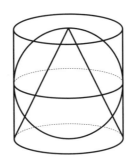

(원뿔의 부피)$=\frac{2}{3}\pi r^3$: (구의 부피)$=\frac{4}{3}\pi r^3$: (원기둥의 부피)$=2\pi r^3$이므로 $1:2:3$이다.

📝 구의 겉넓이

아르키메데스는 구의 부피뿐 아니라 구의 겉넓이도 구했다. 그는 구의 겉넓이는 구의 단면 중 가장 큰 원의 넓이의 네 배라고 했다. 이를 현대적으로 나타내면 반지름이 r인 구의 겉넓이는 반지름이 r인 원의 네 배이므로 $4\pi r^2$이 된다.

아르키메데스가 제시한 넓이를 구하는 방법의 핵심은 넓이나 부피를 구하기 어려운 도형을 우리가 아는 간단한 도형으로 잘게 쪼개어 그것의 넓이나 부피의 합을 구하는 것이었다. 이 방법은 후대의 수학자들에게 큰 영향을 주었다.

특히 행성의 운동에 대한 법칙을 발견한 천문학자 케플러는 다음의 방법으로 원의 넓이와 구의 겉넓이를 구했다.

먼저 원의 둘레를 이용해 원의 넓이를 구하는 방법을 살펴보자.

원은 여러 개의 부채꼴로 쪼갤 수 있다. 쪼개는 수가 많아지면 많아질수록 부채꼴의 모양은 점차 삼각형에 가까워진다. 잘게 쪼갠 부채꼴을 그림과 같이 이어 붙이면 사각형 모양이 나온다. 쪼개는 수가 많아지면 많아질수록 이어 붙인 모양은 직사각형에 가까워진다.

이 직사각형의 가로 길이는 원 둘레의 $\frac{1}{2}$이고, 높이가 반지름이다. 직사각형의 넓이는 $\pi r \times r = \pi r^2$이고 따라서 반지름이 r인 원의 넓이는 πr^2이다.

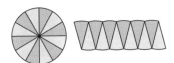 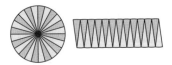

이제 구의 부피를 구하기 위해 구를 잘게 쪼개보자. 구는 그림과 같이 높이가 반지름이고 밑면이 구부러진 사각형인 뿔로 쪼갤 수 있다.

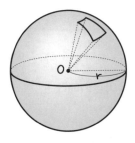

구를 이러한 뿔로 많이 쪼갤수록 밑면이 평면에 가까운 뿔이 될 것이다. 따라서 잘게 쪼갠 뿔의 수가 굉장히 많을 때 구의 부피는 잘게 쪼갠 사각뿔 부피의 합으로 생각할 수 있다.

(구의 부피) = (잘개 쪼갠 사각뿔 부피의 합)

$$= \left\{ \frac{1}{3} \times (밑면\ 넓이) \times r \right\}의\ 합$$

$$= \frac{1}{3} \times (밑면\ 넓이의\ 총합) \times r$$

$$= \frac{1}{3} \times (구의\ 겉넓이) \times r$$

구의 부피가 $\frac{4}{3}\pi r^3$이므로 위의 식을 이용하면 구의 겉넓이는 $4\pi r^2$임을 알 수 있다. 이렇게 도형의 넓이나 부피를 구할 때 잘게 쪼개서 구하는 방법을 '아르키메데스의 실진법'이라고 한다. 이 개념을 발전시켜 1,900여 년 후에 라이프니츠, 뉴턴 등의 수학자가 적분의 개념을 완성했다.

✎ 죽는 순간까지도 연구했던 아르키메데스

아르키메데스는 고향인 시라쿠사와 로마와의 전쟁에서 다양한 전략과 전술로 시라쿠사를 승리로 이끌었다. 지레의 원리로

투석기를 만들어 로마군에게 돌을 퍼부었으며 기중기를 만들어 갈고리를 끼워 로마군의 배를 들어 올려 부숴버리기도 했다.

하지만 로마의 기세를 멈출 수 없었고 결국 조그만 도시 국가 시라쿠사는 로마군에게 함락되고 말았다. 하지만 전쟁을 일으켰던 로마 장군은 위대한 현자 아르키메데스를 존경했고 부하들에게 그를 헤쳐서는 안 된다고 명령했다.

전쟁 중에도 아르키메데스는 모래밭 위에 원을 그리며 수학 문제를 푸는 데 몰두했다. 그는 지나가던 로마 군인이 자신의 연구를 밟으려 하자 "그 원을 밟지 마라!"라고 외쳤다. 길에서 그림을 그리는 노인이 아르키메데스인지 몰랐던 로마 군인은 아르키메데스를 그 자리에서 살해해버렸다.

아르키메데스의 죽음을 전해들은 로마 장군은 침통한 마음으로 그의 유언대로 그가 연구한 도형을 묘비에 새겨 넣도록 했다. 그 그림이 바로 원기둥과 원뿔, 구의 관계를 나타내는 그림이다. 1965년 이탈리아 시칠리아에서 호텔를 짓기 위해 땅을 파던 중 아르키메데스의 무덤이 발견되었다.

키워드

#중1 과정   #수와 연산   #기본도형   #평면도형   #입체도형
#소수, 에라토스테네스의 체   #평행선과 엇각   #원과 부채꼴
#기둥, 원뿔, 구

2부
문제를 해결하는 법, 수와 방정식

수의 체계의 발전은 방정식의 발전과 함께 이루어졌다. 고대 그리스에서는 모든 수는 분수로 나타낼 수 있다고 생각했기 때문에 모든 수를 유리수라고 보았다. 고대 인도에서 발명된 숫자가 아라비아를 통해 유럽으로 전해지면서 점차 수의 계산이 발달했고, 수학자들이 문자를 사용하면서 식을 다루는 방법이 발전했다. 수학자들은 일차방정식과 이차방정식을 풀면서 음수와 무리수의 존재를 인식하기 시작했다. 결국 고차 방정식의 근의 공식을 연구하면서 음수와 무리수를 인정했고 현재의 실수 체계의 기반을 다졌다.

누구나 독심술사가 될 수 있다

 생각을 읽는 퀴즈

세상에는 무수히 많은 초능력자가 있다. 물론 영화 속 세상 이야기이다. 창작자의 상상에 의해 영화 속 세상에는 예지력, 텔레파시, 투시 등의 초능력을 가진 캐릭터들이 있다. 고백 하나 하자면 사실 나는 독심술이라는 초능력을 가지고 있다. 못 믿겠다고? 자, 이제부터 내가 독심술을 갖고 있다는 사실을 증명해보겠다.

1단계 : 자신이 태어난 달을 생각해보자. 아무에게도 말하지 마라. 각 자리 숫자를 각각 더해서 한 자리 숫자를 만들어보자. 예를 들어 태어난 달이 11월이면 1 + 1 = 2이고, 9월에 태어났다면 0 + 9 = 9이다. 만든 숫자를 머릿속에 생각해두면 된다.

2단계 : 1단계에서 구한 수에 9를 곱해보자. 만약 곱한 값이 두 자리 숫자라면 다시 각 자리의 숫자를 더해 한 자리 숫자로 만들어라.

3단계 : 1년은 12개월이므로 12에서 2단계에서 구한 숫자를 빼라.

그러면 복잡한 모든 단계를 거쳐 만든 숫자를 맞춰보겠다. 그 숫자는 바로 '3'. 이제 내가 독심술을 갖고 있다는 것을 믿을 수 있겠는가?

사실 이 퀴즈의 트릭만 안다면 누구나 독심술사가 될 수 있다. 이제부터 그 비밀을 알려주고자 한다.

먼저 내가 맞춘 숫자 '3'이라는 답에서 역순으로 올라가보자. 2단계까지 거쳐서 나온 숫자가 '9'라는 것을 알 수 있을 것이다. 그렇다면 1단계와 2단계에는 어떤 원리가 숨어있을까?

우선 문자를 이용하여 식으로 나타내보자.

1단계에서 태어난 달을 x월이라고 했다. 10월, 11월, 12월은 어떻게 해야 하나 고민되지만 우선 넘어가자. 1단계에서 구한 수에 9를 곱하면 $9x$가 된다. 여기서부터 고민이 시작된다. x가 1이면 9가 나오지만 x가 1보다 크면 두 자릿수가 된다. 그 두 자릿수를 각각 더한 합을 어떻게 x로 표현할 것인가?

이 퀴즈는 그렇게 어려운 문제가 아니다. 좀 더 쉽게, 단순하게 생각해보자. 1년은 1월부터 12월까지로 구성되어있으니 누구든 1, 2, 3, 4, 5, 6, 7, 8, 9, 10, 11, 12월 중에 태어난 달이 있다. 2단계에서 잠시 넘어가자고 했던 10월, 11월, 12월에 태어난 사람도 두 자릿수를 각각 더하면 결국 1, 2, 3이 되기 때문에 1단계에서 나온 숫자는 1, 2, 3, 4, 5, 6, 7, 8, 9 중 하나가 될 것이다.

2단계로 넘어가면 1, 2, 3, 4, 5, 6, 7, 8, 9에 9를 곱한 수는 각각 9, 18, 27, 36, 46, 54, 63, 72, 81이 된다. 9를 제외한 두 자릿수를 각각 더해보면 놀랍게도 모두 9가 나온다. 따라서 2단계의 답은 9가 될 수밖에 없다. 그러므로 3단계를 거친 최종적인 답은 $12 - 9 = 3$이 된다.

앞선 풀이에서 막혔던 부분을 좀 더 살펴보자. 1단계에서 구한 숫자가 1, 2, 3, 4, 5, 6, 7, 8, 9 중 하나이므로 1단계에서의 답을 x라고 한다면 2단계에서의 답은 x가 1이면 $9x$는 9이고, x가 1보다 크면 $9x$는 두 자릿수가 된다.

그렇다면 $9x$가 두 자릿수일 때 각각 더했을 때의 수가 항상 9가 되는 이유를 설명해보자. 두 자릿수에서 십의 자리 숫자가 a이고, 일의 자리 숫자가 b라고 한다면 두 자리 숫자는 $10a + b$이다. $9x$를 $10a + b$꼴로 나타내면 $9x = 10x - x$가 된다. 즉, 십의 자리의 수가 x이고, 일의 자리의 수는 $-x$이다.

그러나 일의 자리의 숫자가 음수일 수 없으므로 십의 자리에서 1을 가져와 일의 자릿수에서 10을 만들자.

$9x = 10x - x = (10x - 10) + (10 - x) = 10(x - 1) + (10 - x)$이므로 십의 자리의 숫자가 $x - 1$이고, 일의 자리의 숫

자가 $10-x$이다. 따라서 $9x$의 십의 자리 숫자와 일의 자리 숫자의 합은 항상 $(x-1)+(10-x)=9$가 나온다.

이 방법을 응용하면 비슷한 원리로 친구의 생일을 맞출 수 있다. 친구에게 써먹기 전에 본인의 생일로 먼저 테스트를 해보자.

1단계: 태어난 달에서 20을 곱해라.

2단계: 1년은 12개월이므로 1단계에서 구한 수에서 12를 뺀 후 5를 곱해라.

3단계: 태어난 날과 2단계에서 구한 수를 더해라.

4단계: 28일, 29일, 30일, 31일로 구성된 달이 있지만 여기서는 1개월을 30일로 기준을 삼는다. 3단계에서 구한 수에서 30을 빼라.

5단계: 4단계에서 나온 수에서 90을 더해라. 그러면 본인의 생일이 나올 것이다.

만약 4단계에서 318이라는 숫자가 나왔다고 하자. 그 수에 90을 더하면 408이 나온다. 즉, 4월 8일이 생일이다. 만약 4단계에서 나온 수가 1023이라면 90을 더해 1113, 11월 13일이 생일이다. 이 다섯 단계를 잘 기억해놨다가 친구의 생일을 맞춰보자. 그러면 친구들 사이에서 인싸가 되는 건 시간문제이다.

그렇다면 어떤 원리로 친구의 생일을 알 수 있는 것일까? 친구의 생일을 a월 b일이라고 가정해보자.

1단계 : a에 20을 곱하면 20a가 된다.

2단계 : 20a에서 12를 뺀 후 5를 곱하면 5(20a-12)이다.

3단계 : 5(20a-12)에 b를 더하면 5(20a-12)+b가 된다.

4단계 : 5(20a-12)+b에서 30을 빼면 5(20a-12)+b-30이 되고,

이 식을 정리하면 100a+b-90이 된다.

따라서 친구가 $100a+b-90$의 답을 말할 것이므로 여기에 90을 더하면 $100a+b$를 구할 수 있다. 뒤에서부터 두 자릿수는 태어난 날을, 앞에서부터 한 자리나 두 자릿수는 태어난 달을 나타낸다. 필자의 생일을 이 퀴즈에 적용하면 최종 숫자는 227이 나온다. 그렇다면 필자의 생일이 언제인지 모두들 눈치챘으리라 생각한다.

$9x=10x-x$, $227+90=x$처럼 등호를 이용한 식을 '등식'이라고 한다. 등식은 항등식과 방정식으로 분류할 수 있는데, $9x=10x-x$처럼 x에 어떤 수를 대입해도 항상 참이 되는 등식을 '항등식'이라고 한다. 반면 $227+90=x$에서는 x에 317를 대입하면 등식이 참이지만 317가 아닌 다른 수를 대입하면 등식이 참이 아니다.

이와 같이 x의 값에 따라 등식이 참이 되기도 하고 거짓이 되기도 하는 등식을 x에 관한 '방정식'이라고 하며, 방정식을 참이되게 하는 x의 값을 방정식의 '해' 또는 '근'이라고 한다.

'방정식을 푼다'라는 것은 방정식의 해 또는 근을 구하는 것이다. 방정식의 근을 영어로는 'root'라고 하고, 방정식을 풀어서 답을 구하므로 'solution'이라고 한다. 한자권인 한국에서는 이를 직역하여 뿌리라는 의미의 '근(根)'과 풀다라는 의미의 '해(解)'를 동시에 사용한다.

✎ 그리스의 방정식과 항등식

앞서 우리는 유명한 방정식 하나를 먼저 만났다. 바로 '피타고라스의 정리'이다. 직각삼각형에서 빗변의 길이를 c라고 하고, 다른 두 변의 길이를 각각 a, b라고 할 때 $a^2+b^2=c^2$을 만족한다. 이 식을 만족하는 자연수 순서쌍 (a, b, c)를 피타고라스의수라고 한다. $(3, 4, 5)$, $(5, 12, 13)$, $(7, 24, 25)$ 등 무수히 많은 피타고라스의 수가 있고, 이들은 $a^2+b^2=c^2$의 해이다.

피타고라스의 정리를 등식의 입장에서 살펴보자.

$a^2+b^2=c^2$은 미지수 a, b, c에 대한 방정식이며 그 해는 $(3, 4, 5)$, $(5, 12, 13)$, $(7, 24, 25)$ 등 무수히 많다. 방정식의 목

적은 해를 구하는 것이므로 방정식을 쉽게 풀기 위해 많은 학자가 고민했다. 무작정 대입한다고 하면 시간이 오래 걸릴 뿐 아니라 해를 빼먹을 수도 있다.

유클리드의 《원론》에서는 이 방정식의 일반적인 해로 어떤 자연수 m, n에 대하여 해 $a=m^2-n^2$, $b=2mn$, $c=m^2+n^2$을 제시했다. $(m^2-n^2)^2+(2mn)^2=(m^2+n^2)^2$을 만족하므로 $a=m^2-n^2$, $b=2mn$, $c=m^2+n^2$은 방정식 $a^2+b^2=c^2$의 해이다. 자연수 m, n에 수를 차례대로 대입해보면 $m=2$, $n=1$일 때 해 (3, 4, 5)를 구할 수 있고, $m=3$, $n=2$일 때 해 (5, 12, 13)을 구할 수 있으며, $m=4$, $n=3$일 때 해 (7, 24, 25)를 구할 수 있다.

그리스의 수학에서는 기하를 수학의 기초로 생각했기 때문에 모든 계산을 도형의 선분 길이, 넓이, 부피를 이용하여 다루었다. 유클리드의 《원론》에서는 다음과 같은 등식이 도형을 이용하여 서술되었다.

주어진 두 선분 중 한 선분을 임의로 잘랐을 때 주어진 두 선분으로 이루어진 직사각형은 각 부분 선분과 잘리지 않은 선분으로 이루어진 직사각형의 합과 같다. (제2권, 명제1)

주어진 선분을 길이 x와 y로 자르고 다른 선분의 길이를 a라고 하자.

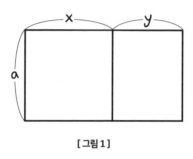

[그림 1]

[그림 1]과 같은 도형의 넓이는 하나의 큰 직사각형의 넓이 $a(x+y)$로 볼 수 있고, 쪼개진 두 직사각형 넓이의 합 $ax+ay$로 볼 수 있다. 따라서 등식 $a(x+y)=ax+ay$가 성립한다.

한 선분을 임의로 잘랐을 때 그 선분 위에 세운 정사각형은 부분 선분 위에 세운 정사각형과 두 직사각형의 합과 같다. (제2권, 명제4)

정사각형의 선분을 a와 b로 자르자.

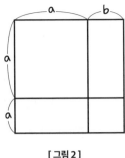

[그림 2]

[그림 2]와 같은 도형의 넓이는 하나의 큰 정사각형의 넓이 $(a+b)^2$으로 볼 수 있고, 쪼개진 네 사각형 넓이의 합인 $a^2+ab+ba+b^2$으로도 볼 수 있다. 따라서 등식 $(a+b)^2=a^2+ab+ba+b^2$이 성립한다. 이를 '완전제곱식'이라고 한다.

$$a(x+y)=ax+by, \quad (a+b)^2=a^2+ab+ba+b^2$$

은 a와 b가 어떤 수든지 상관없이 등식이 성립하므로 항등식이다.

오늘날 이러한 항등식들은 식의 전개를 통해 계산할 수 있지만 아직 문자를 사용하지 않았던 고대 그리스에서는 수의 계산을 수 자체의 계산으로 보기보다 도형을 사용하여 계산했다. 그러나 도형의 선분 길이가 음수일 수 없기 때문에 수학자들은 음수를 쉽게 받아들이지 못하는 한계가 나타나기도 했다.

✎ 디오판토스의 방정식

3세기경 후기 그리스 시대에 이르러 수학의 연구 방향에 근본적인 변화가 일어났다. 그 중심에는 대수학의 아버지라고 불리는 디오판토스가 있었다. 대수학이란 방정식을 비롯한 식의 계산을 다루는 학문으로 그가 있었기에 지금의 방정식이 탄생했다. 디오판토스의 묘비에는 그의 인생에 대한 방정식이 적혀있다.

디오판토스는 인생의 $\frac{1}{6}$을 소년으로 보냈고, 인생의 $\frac{1}{12}$을 청년으로 보냈다. 다시 $\frac{1}{7}$이 지난 뒤 그는 결혼했고, 결혼한 지 5년 만에 아들을 얻었다. 그러나 그의 아들은 아버지의 반밖에 살지 못했다. 아들을 먼저 보내고 깊은 슬픔에 빠진 그는 그 뒤 4년간 수학에 몰입하여 스스로를 달래다가 일생을 마쳤다.

과연 디오판토스는 몇 살까지 살았던 것일까? 식을 세울 때는 무엇을 구할 것인지 생각하고 무엇을 문자로 둘지 결정해야 한다. 여기서 구하고자 하는 것은 디오판토스가 생을 마친 나이이므로 그것을 문자 x로 두자. 그리고 묘비에 쓰여진 문장을 식으로 바꿔보면 $\frac{1}{6}x + \frac{1}{12}x + \frac{1}{7}x + 5 + \frac{1}{2}x + 4 = x$가 된다.

이와 같이 식을 정리했을 때 일차식으로 이루어진 방정식을

'일차방정식'이라 하고, 피타고라스의 정리처럼 이차식으로 이루어진 방정식을 '이차방정식'이라고 한다. 디오판토스가 생을 마친 나이를 일차방정식을 풀어보자.

$$\frac{1}{6}x+\frac{1}{12}x+\frac{1}{7}x+5+\frac{1}{2}x+4=x$$ **… 통분하여 분수인 계수를 정리**

$$\frac{14}{84}x+\frac{7}{84}x+\frac{12}{84}x+5+\frac{42}{84}x+4=x$$

$$\frac{75}{84}x+9=x$$ **… 등식의 양쪽에 같은 수 $\frac{75}{84}x$ 빼기**

$$\frac{75}{84}x+9-\frac{75}{84}x=\frac{84}{84}x-\frac{75}{84}x$$

$$9=\frac{9}{84}x$$ **… 등식의 양쪽에 같은 수 $\frac{84}{9}$ 곱하기**

$$9\times\frac{9}{84}=\frac{9}{84}x\times\frac{84}{9}$$

$$x=84$$

디오판토스는 84세에 생을 마감했다. 그러나 덧셈, 등호 등의 기호가 없었고 문자로 표현할 생각을 하지 못했던 그 당시에 이러한 방정식은 결코 쉬운 문제가 아니었다. 디오판토스는 처음으로 글로 되어있는 긴 문장을 그리스 약어를 이용해 간단하게 나타내기 시작했다. 미지수, 빼기, 역수에 특정한 기호를 사용했고 등식의 성질을 이용하여 등식의 양쪽에 같은 수를 더하고 빼는 조작을 했다. 이것은 방정식을 풀이하는 기본적인 계산 방법으로, 디오판토스는 방정식의 일반적인 계산의 기초를 다진 수학자였다. 디오판토스의 방정식에 대한 수학 연구를 이어받은 것은 아라비아 수학자들이었다.

📎 방정식을 연구한 아라비아의 수학자들

6세기 서로마 제국이 붕괴되면서 눈부셨던 고대 그리스의 사회와 문화가 쇠퇴했다. 하지만 그리스 학자들의 연구 결과들은 사라지지 않고 아라비아의 학자들이 계승했다.

당시 아라비아 제국은 지중해부터 인도까지 아우르는 넓은 영토를 가지고 있었다. 아라비아인들은 인도와 그리스인의 문화를 흡수했고 서양과 동양의 이질적인 문화를 융합했다.

아라비아인들은 상업과 무역을 위해 편리하고 정확한 계산술이 필요했다. 그래서 아라비아 상인들은 계산에 편리한 인도의 산술과 대수를 적극적으로 수용했다. 또한 아라비아의 수학이 발전할 수 있었던 이유는 당시 아라비아의 지도자인 칼리프가

그리스의 수학

지혜의 집

인도의 수학

저명한 학자들을 바그다드에 초빙해 수학과 과학의 교육을 장려했기 때문이다. 그 결과 바그다드에 '지혜의 집'이라고 불리는 아카데미가 설립되었다.

지혜의 집에서는 아라비아의 수학자와 과학자들이 그리스어로 된 철학, 과학 서적들을 번역했는데 유클리드의 《원론》, 디오판토스의 《산술》 등 그리스의 많은 문헌과 학자들의 저술이 포함되었다. 이때 아라비아에서는 천문학, 삼각법, 계산법이 발달했으며 방정식을 다루는 수학 분야인 대수가 본격적으로 연구되기 시작했다.

아라비아의 대표 수학자 알콰리즈미는 아라비아 최초의 수학책 《복원과 대비의 연산》을 만들었다. 이 책에서의 핵심 개념이바로 방정식 풀이의 핵심 연산인 '이항'이다. 이항이란 등식의 성질을 기반으로 등식의 한쪽에 있던 항을 부호만 바꾸어 다른 한쪽으로 옮기는 것을 의미한다. 예를 들어 $x+1=2$이면 $+1$을 -1로 바꾸어 반대쪽으로 옮겨서 $x=2-1$로 계산할 수 있다. 알콰리즈미는 일차방정식뿐 아니라 이차방정식의 일반적인 풀이 방법에 대해서도 서술했다.

어떤 문제를 해결하기 위한 절차, 방법 등을 의미하는 '알고리즘(Algorithm)'은 알콰리즈미가 집대성한 연산 기술 'Algoritmi'의 이름에서 유래한 것이고, 알콰리즈미의 라틴어 이름을 딴 것이기도 하다. 또한 방정식을 다루는 수학 분야, 대수학을 뜻하는 영어 단어 '알지브라(Algebra)'는 그의 저서에 나오는 단어인 'al-jabr'에서 만들어졌다.

아라비아의 수학이 유럽의 수학자들에게 소개된 후 방정식에 대한 연구가 이어졌다. 그리고 프랑스의 수학자 비에트는 본격적으로 수학에 문자를 도입했고, 프랑스의 아마추어 수학자 데카르트가 미지수를 뜻하는 x를 도입하면서 오늘날의 방정식의 형태가 완성되었다.

✎ 페르마의 마지막 정리

디오판토스의 저서 중 가장 유명한 책은《산학》이다. 총 열세

권인 이 책은 절반이 소실되어 현재 여섯 권만 현존하고 있다. 이 책에서는 130여 개의 다양한 일차방정식과 이차방정식 문제의 해를 다루고 있다. 프랑스의 아마추어 수학자 페르마는 이 책을 읽으면서 여백에 메모를 남겼다.

n이 2보다 큰 자연수일 때 $x^n + y^n = z^n$을 만족하는 자연수 x, y, z는 존재하지 않는다. 나는 이에 대한 참으로 신기한 증명을 발견했지만 그 증명을 여기에 적어 넣기에는 책의 여백이 모자라 생략한다.

이 문제가 바로 '페르마의 마지막 정리'이다. 수학자들을 도발하는 듯한 내용으로 당시 수학자들은 엄청난 도전 의식을 불태웠지만 모두 증명하는 데 실패했다. 이 문제는 페르마 이후 300년간 미제로 남겨진 유명한 문제였다. 하지만 이 문제를 풀기 위해 도전했던 수학자들의 노력이 모두 헛된 것은 아니었다. 페르마의 여러 정리들은 후에 '정수론'이라는 현대 수학에 영향을 미쳤고 정수론이 발전하여 점차 페르마의 마지막 정리를 풀 실마리를 제공했다.

1993년 12월, 수학자 와일즈는 현대의 수학 이론 중 하나인 '타원곡선의 이론'을 이용하여 영국에서 개최된 수론 학회에서 이 정리의 증명을 발표했다. 여섯 명의 전문가로 구성된 심사 위원회는 200쪽이 넘는 와일즈의 논문을 검토한 결과 증명의 끝

페르마가 메모를 남긴 디오판토스의 《산술》 제2권 8번 문제

부분에 약간의 비약된 부분이 있음을 발견했다. 와일즈는 이 비약된 부분을 1994년 10월에 다시 증명해 330년 만에 페르마의 정리를 증명했다.

하지만 그 증명 방법이 페르마 당시에는 없었던 수학 이론으로 증명했기 때문에 페르마가 증명했던 방법과는 다르다고 예상된다. 또한 혹자는 페르마가 증명하지 못했지만 메모에 허세를 부린 것이 아닌가하고 예상하기도 한다.

키워드

중1 과정 # 중2 과정 # 중3 과정 # 등식, 등식의 성질
방정식 # 피타고라스의 정리 # 이차방정식
항등식, 방정식, 일차방정식, 이항

인생은 방정식?

✎ 특이한 나이 문제

디오판토스가 묘비에 자신의 인생을 방정식 문제로 낸 것처럼 특이한 나이 문제를 하나 풀어보자.

> 어머니는 아들보다 25년을 더 살았다. 7년 후 아들은 어머니 나이의 $\frac{1}{5}$이 된다. 아들은 지금 무엇을 하고 있을까?
> (나이를 계산할 때는 만 나이로 계산하며 개월 수도 계산하자.)

이 문제를 푼 사람은 풀고 나서도 한동안 문제를 제대로 푼 건지, 답이 잘못 나온 것은 아닌지 갸우뚱거렸을 것이다. 문제를 정확하게 풀었다면 아들 나이가 음수로 나오기 때문이다. 답은 음수가 맞다! 한국에서는 태어나자마자 1세가 되지만 만 나이로는 0세이다. 아들의 나이가 음수라는 것은 아이가 태어나기 전이라는 것이고 어머니는 아들을 임신한 상태이다. 아들은 지금 어머니 배 속에 있다.

이 문제는 두 가지 방법으로 풀 수 있다.

첫 번째 방법은 어머니의 현재 나이와 아들의 현재 나이 중 하나를 문자로 나타내는 것이다. 만약 아들의 나이를 x로 표시했다면 어머니의 나이는 $x+25$가 된다. 7년 뒤 아들의 나이는 $x+7$이되고, 어머니의 나이는 $x+32$가 되므로 $x+7=\frac{1}{5}(x+32)$가 된다. 이 방정식을 풀면 $x=-\frac{3}{4}$이다. $-\frac{3}{4}$세라면 아들이 태어나기 9개월 전이라는 결론을 내릴 수 있다.

두 번째 방법은 어머니와 아들의 현재 나이를 각각 문자로 나타내고 두 개의 식을 세우는 것이다. 아들의 현재 나이와 어머니의 현재 나이를 각각 x와 y로 정하자.

어머니는 아들보다 25세가 더 많으므로 $x+25=y$라는 첫 번째 식을 세울 수 있다. 또 7년 후 아들은 어머니 나이의 $\frac{1}{5}$이 되므로 $x+7=\frac{1}{5}(y+7)$이라는 두 번째 식을 세울 수 있다. 이 두 식은 묶어서 표현할 수 있다.

$$\begin{cases} x+25=y & \cdots (1) \\ x+7=\dfrac{1}{5}(y+7) & \cdots (2) \end{cases}$$

이처럼 두 개 이상의 방정식을 한 쌍으로 묶어놓은 것을 '연립방정식'이라고 한다.

연립방정식은 일반적으로 한 식을 다른 식에 대입하거나 두 식을 서로 더하거나 빼는 방법을 이용해 푼다.

대입을 이용하면 연립방정식을 일차방정식으로 만들 수 있다. (1)번 식 $y=x+25$를 (2)번 식의 y에 대입하면 다음과 같은 방법으로 x를 구할 수 있다.

$$x+7=\frac{1}{5}(x+25+7)$$

$$x+7=\frac{1}{5}(x+32)$$

$$x+7=\frac{1}{5}x+\frac{32}{5}$$

$$x-\frac{1}{5}x=\frac{32}{5}-7$$

$$\frac{4}{5}x=-\frac{3}{5}$$

$$x=-\frac{3}{5}\times\frac{5}{4}$$

$$x=-\frac{3}{4}$$

이번에는 두 식을 더하거나 빼서 풀어보자. 이 방법을 이용하면 하나의 문자를 없애줌으로써 식을 간단하게 만들 수 있다. (1)번 식에서 (2)번 식을 빼면 y의 값을 구할 수 있다.

$$
\begin{array}{r}
x+25=y \\
-\big)\ x+7=\dfrac{1}{5}(y+7) \\
\hline
18=\dfrac{4}{5}y-\dfrac{7}{5}
\end{array}
$$

$$\frac{4}{5}y=18+\frac{7}{5}$$

$$\frac{4}{5}y=\frac{90}{5}+\frac{7}{5}$$

$$y=\frac{97}{5}\times\frac{5}{4}$$

$$y=\frac{97}{4}=24\frac{1}{4}$$

이를 (1)번 식에 대입하면 $x=24\dfrac{1}{4}-25=-\dfrac{3}{4}$을 구할 수 있다.

상황에 따라서 두 가지 방법을 적절하게 사용하여 연립방정식을 풀면 된다.

방정식은 생활 속에서 문제가 발생했을 때 해결하기 위한 도구로 오래전부터 동서양을 막론하고 사용되었다. 특히 방정식을 푸는 법은 우리가 살면서 문제 상황에 맞닥뜨렸을 때 결정을 내

리는 방법과 비슷하다. 프랑스의 철학자이자 소설가 샤르트르는
다음과 같은 명언을 남겼다.

인생은 B(birth)와 D(death)사이에 C(choice)다.

우리는 살면서 수많은 선택의 기회에 마주한다. 오늘은 어떤
옷을 입을지, 저녁 식사는 무엇을 먹을지 같은 사소한 선택부터
대학교나 학과는 어디를 가야 할지, 어떤 것을 직업으로 삼아야
할지 같은 인생의 중대사를 결정해야 한다.

쇼핑몰에 가면 무엇을 구경할지부터 정해야 한다. 옷을 사야
한다면 의류 코너에 들러 옷을 구경할 것이고, 책을 산다면 도서
코너에 들러 책을 구경해야 한다.

옷을 사기로 결정했다면 옷을 구경하면서 여러 가지 생각을
할 것이다. 옷장에 어떤 옷이 있고, 어떤 종류의 옷이 필요한지
등등. 그리고 사고 싶은 옷을 발견했을 때도 이 옷이 나한테 잘
어울릴지, 내가 갖고 있는 다른 옷들과 잘 어울릴 것인지, 내가
갖고 있는 예산은 얼마인지, 이 옷이 그만한 가치가 있는지 등을
생각할 것이다. 그렇게 많은 생각을 하고서도 그 옷을 살지 말지
고민할 것이다. 옷을 샀다면 집에 가자마자 다시 한 번 입어보고
다른 옷들과 매치도 해본다. 만약 옷을 사지 않았으면 그 옷을

떠올리면서 샀어야 했나라고 후회하거나 안 사길 잘했다고 위안하기도 한다.

방정식을 풀기 위해서는 옷을 구경하기로 결정했던 것처럼 구하고자 하는 것들을 정하고 무엇을 문자로 둘 것인지 먼저 결정해야 한다.

이후 자신의 상황을 정리했던 것처럼 여러 상황을 식으로 바꾸어 그 문제를 좀 더 간단하게 만든다. 마음에 드는 옷이 있으면 여러 가지 조건을 따져보고 결정하는 것처럼 식을 좀 더 간단하게 만들거나 다루기 쉽게 바꾼 후 대입하거나 식을 더하거나 빼거나 하는 풀이 과정을 통해 구하고자 하는 것들을 차례로 구한다.

옷을 살지 말지에 대한 결정은 연립방정식에서 해를 구한 것과 같다. 연립방정식의 해를 구한 것만이 끝이 아니다. 그 해가 문제 상황에 맞는 해인지 최종 확인을 해야 한다.

다음의 표는 다양한 직업 세계에서 미래의 직업을 선택하는 과정과 방정식을 풀이하는 과정의 유사점을 표현한 것이다.

직업 선택	방정식
• 직업 찾기	• 구하고자 하는 것을 문자로 두기
• 내가 잘하는 것이 무엇인지 생각하기 • 내가 장차 하고 싶은 것이 무엇인지 생각하기 • 여러 가지 직업 조사하기	• 식 세우기 • 풀기 쉽게 식을 변형하기 • 적절한 방법을 시도하여 풀기
• 직업 결정하기	• 답
• 다른 직업은 없는지 생각해보기 • 그 직업을 갖기 위해서 노력할 점 생각하기	• 문제 상황에 답을 적용해보기 • 다른 풀이 방법이 없는지 생각해보기

🖊 고대 중국인들의 연립방정식 풀이법

앞서 연립방정식을 풀이할 때는 하나의 식을 다른 식에 대입하거나 식끼리 더하거나 빼서 풀이하는 두 가지 방법이 있다고 했다. 대입을 이용한 대표적인 방법으로는 그리스의 수학자 디오판토스의 《산술》이라는 책에서 찾아볼 수 있다.

> 합이 20이고 제곱의 합이 208인 두 수를 찾아라.

이것을 현대에서 사용하는 기호를 이용해 풀어보자. 우선 찾고자 하는 두 수를 각각 x, y라고 하면 연립방정식을 다음과 같이 세울 수 있다.

$$\begin{cases} x+y=20 & \cdots (1) \\ x^2+y^2=208 & \cdots (2) \end{cases}$$

디오판토스는 이러한 문제를 미지수가 두 개인 연립방정식으로 취급하기보다는 미지수가 한 개인 방정식으로 바꾸어 해결했다. 바로 대입을 이용해 풀었던 것이다.

(1)번 식을 $y=20-x$로 바꾸어 (2)번 식에 대입하면 $x^2+(20-x)^2=208$로 만들 수 있다. 그러면 미지수가 한 개인 이차방정식이 된다.

반면 식을 서로 더하거나 빼서 푸는 연립방정식의 풀이 방법은 고대 중국에서 유래했다. 기원전 110년경 중국 한나라 때 집필된 《구장산술》에서는 다양한 방정식 문제를 찾아볼 수 있다. 《구장산술》은 총 9장으로 구성되어있고 총 264가지 문제를 담고 있으며 서양의 수학이 유입되기 전까지 동양의 수학서의 기본이었다. 특히 〈8장 방정〉에서 오늘날 방정식의 '방정'이라는 용어가 나타난다. 8장에는 다음과 같은 문제가 실려있다.

> 여럿이 함께 물건을 구매하려고 하는데 각각 8전씩 내면 3전이 남고 7전씩 내면 4전이 모자란다. 사람 수와 물건 값은 각각 얼마인가?

이 문제는 현재 교과서나 문제집에서 종종 볼 수 있는 유형의 문제로, 사실 이 유형은 2,000년이 넘는 역사를 지니고 있다. 사람 수를 x, 물건 값을 y라고 하면 연립방정식을 다음과 같이 세울 수 있다.

$$\begin{cases} y+3=8x & \cdots (1) \\ y-4=7x & \cdots (2) \end{cases}$$

y를 없애주기 위해 (2)번 식에서 (1)번 식을 빼주면 다음과 같이 식이 바뀐다.

$$\begin{cases} y+3=8x & \cdots (1) \\ \quad -7=-x & \cdots (2) \end{cases}$$

따라서 $x=7$이므로 (1)번 식에 x를 대입하면 $y=53$을 구할 수 있다. 문자를 아직 사용하지 않았던 중국인들은 네모 상자 안에 수를 나열하는 방법으로 방정식을 풀었다.

다음의 연립방정식에서 계수들만 네모 상자 안에 나열해보자.

$$\begin{cases} y+3=8x \\ y-4=7x \end{cases} \qquad \begin{cases} y+3=8x \\ -7=-x \end{cases}$$

$$\begin{array}{|ccc|} \hline 1 & 3 & 8 \\ 1 & -4 & 7 \\ \hline \end{array} \qquad \begin{array}{|ccc|l} \cline{1-3} 1 & 3 & 8 & \text{1행} \\ 0 & -7 & -1 & \text{2행} \\ \cline{1-3} \end{array}$$

네모 상자 안의 점선은 등호의 자리를 표시해준 것이다. 이제
부터 네모 상자의 가로 줄을 행이라 하자. 그렇다면 네모 상자의
첫 번째 줄은 1행이고, 두 번째 줄을 2행이다.

고대 중국인들은 식끼리 더하거나 빼는 것처럼 행끼리 더하거
나 빼서 계산했다. 앞에서 (2)번 식에서 (1)번 식을 빼준 것처럼
네모 상자의 2행에서 1행을 뺀다. 그 결과 네모 상자 안 등호의
왼쪽에는 0을 제외한 나머지 세 수가 역삼각형으로 배치되어있
다. 역삼각형이 나타나면 2행에서 하나의 문자의 값을 구할 수
있고, 그 값을 이용해 1행에서 남은 문자의 값을 구할 수 있다.

방정식의 방정(方程)에서 방은 '사각형'을 의미하며, 정은 '규칙'을 의미한다. 즉, 앞에서와 같이 수들을 사각형 모양으로 늘어놓고 방정식을 계산하는 규칙이 바로 '방정'인 것이다.

다음의 연립방정식을 고대 중국인의 방법으로 풀어보자.

$$\begin{cases} x+2y=6 \\ 3x-y=4 \end{cases}$$

1. 계수만을 이용해 네모 상자 안을 채우자.
2. 행끼리 적당히 더하거나 빼서 등식의 왼쪽에서 0을 제외하고 역삼각형을 만들자.

1	2	6
3	-1	4

이 문제는 다양한 방법으로 풀 수 있다. 여기서는 1행에 3을

$$\begin{array}{cc|c} 1 & 2 & 6 \\ 3 & -1 & 4 \end{array}\qquad \begin{array}{cc|c} 3 & 6 & 18 \\ 3 & -1 & 4 \end{array}\qquad \begin{array}{cc|c} 3 & 6 & 18 \\ 0 & -7 & -14 \end{array}$$

$$\begin{cases} x+2y=6 \\ 3x-y=4 \end{cases}\qquad \begin{cases} 3x+6y=18 \\ 3x-y=4 \end{cases}\qquad \begin{cases} 3x+6y=18 \\ -7y=-14 \end{cases}$$

곱한 다음 2행에서 빼는 방법으로 문제를 풀었다.

따라서 마지막 행에서 $y=2$를 구할 수 있으므로 1행에 대입하면 연립방정식의 해 $x=2$, $y=2$를 구할 수 있다. 미지수가 두 개인 연립방정식뿐 아니라 미지수가 여러 개인 연립방정식도 고대 중국인의 방법을 이용해 풀 수 있다.

《구장산술》의 다른 문제를 고대 중국인의 방법으로 풀어보자.

세 종류의 옥수수 다발이 있다. 첫 번째 종류의 옥수수 세 다발, 두 번째 종류의 옥수수 두 다발, 세 번째 종류의 옥수수 한 다발을 모으면 옥수수의 개수는 39개가 된다. 또 첫 번째 종류 두 다발, 두 번째 종류 세 다발, 세 번째 종류 한 다발을 모으면 34개가 된다. 그리고 첫 번째 종류 한 다발, 두 번째 종류 두 다발, 세 번째 종류 세 다발을 모으면 26개가 된다. 이때 각 종류별 한 다발에 속해있는 옥수수의 개수는 각각 몇 개인가?

첫 번째 종류의 옥수수 한 다발에 속한 옥수수의 개수를 x, 두 번째 종류의 옥수수 한 다발에 속한 옥수수의 개수를 y, 세 번째 종류의 옥수수 한 다발에 속한 옥수수의 개수를 z라고 하자. 그러면 미지수가 세 개인 연립방정식을 다음과 같이 세울 수 있다.

$$\begin{cases} 3x+2y+z=39 \\ 2x+3y+z=34 \\ x+2y+3z=26 \end{cases}$$

실제로 《구장산술》에서는 이 문제를 다음과 같이 네모 상자에 수를 나열해 풀었다. 왼쪽의 네모 상자는 앞서 세운 연립방정식을 의미하며, 행끼리의 연산을 통해 오른쪽의 네모 상자로 변형했다. 여기서도 역삼각형을 발견할 수 있으며 맨 아래쪽 식부터 차례대로 대입을 통하면 연립방정식의 해를 쉽게 구할 수 있다.

3	2	1	39
2	3	1	34
1	2	3	26

3	2	1	39
0	5	2	24
0	0	36	99

왼쪽 네모 상자에서 오른쪽 네모 상자로 변형되는 자세한 풀이 과정은 다음 페이지를 참조하자.

중국인의 연립방정식을 푸는 방법은 아라비아 상인들을 거쳐 유럽의 수학에도 소개되었다. 18세기 유럽에서 물리학이나 천문학 등에 제기된 복잡한 계산 문제를 가장 효과적으로 해결하는 방법 중 하나는 연립방정식을 푸는 것이었다.

18세기 독일의 위대한 수학자 가우스가 중국인의 방법을 연구하여 연립방정식의 일반적인 풀이 방법을 제시했다. 네모 상자 안의 수 나열은 현대에 이르러 '행렬'라는 이름을 가지게 되었다. 2차 세계 대전 후 컴퓨터가 발전하면서 행렬에 대한 관심이 높아졌다. 컴퓨터의 수치 계산이 행렬을 통해 이루어지기 때문이다. 행렬은 현대 사회의 다양한 문제를 탐구하는 데 많이 활용되고 있으며 오늘날 수학은 물론 과학 연구의 필수적인 도구가 되었다.

키워드

중2 과정 # 방정식 # 연립방정식

중국인의 연립방정식 푸는 법

3	2	1	39	1행
2	3	1	34	2행
1	2	3	26	3행

3행에 2를 곱하기

$$\begin{cases} 3x+2y+z=39 \\ 2x+3y+z=34 \\ x+2y+3z=26 \end{cases}$$

3	2	1	39	1행
2	3	1	34	2행
2	4	6	52	3행

3행에서 2행을 빼기

$$\begin{cases} 3x+2y+z=39 \\ 2x+3y+z=34 \\ 2x+4y+6z=52 \end{cases}$$

3	2	1	39	1행
2	3	1	34	2행
0	1	5	18	3행

1행에서 2를 곱하고,
2행에 3 곱하기

$$\begin{cases} 3x+2y+z=39 \\ 2x+3y+z=34 \\ y+5z=18 \end{cases}$$

6	4	2	78	1행
6	9	3	102	2행
0	1	5	18	3행

2행에서 1행 빼기
3행에 5 곱하기

$$\begin{cases} 6x+4y+2z=78 \\ 6x+9y+3z=102 \\ y+5z=18 \end{cases}$$

6	4	2	78	1행
0	5	1	24	2행
0	5	25	90	3행

3행에서 2행 빼기
1행에서 2 나누기

$$\begin{cases} 6x+4y+2z=78 \\ 5y+z=24 \\ 5y+25z=90 \end{cases}$$

3	2	1	39
0	5	1	24
0	0	24	66

$$\begin{cases} 3x+2y+z=39 \\ 5y+z=24 \\ 24z=66 \end{cases}$$

네모 상자의 3행에서 z를 구할 수 있고, 이를 이용해 다른 행에서 x와 y를 구할 수 있으므로 이 풀이는 여기에서 끝내도 된다. 《구장산술》에서 풀이로 나온 네모 상자는 세 번째 행이 $\frac{3}{2}$배이므로 다음과 같이 네모 상자를 바꿔줄 수 있다.

$$
\begin{array}{ccc|c}
3 & 2 & 1 & 39 \\
0 & 5 & 1 & 24 \\
0 & 0 & 36 & 99
\end{array}
$$

$$
\begin{cases}
3x + 2y + z = 39 \\
5y + z = 24 \\
36z = 99
\end{cases}
$$

시간의 시작

✎ 시침과 분침은 언제 만날까?

> 시계에는 시침과 분침이 있다. 그림과 같이 12시가 되면 정확하게 시침과 분침이 숫자 12에서 일치한다. 그렇다면 그 다음 시침과 분침이 일치하는 시간은 언제일까?

혹시 답을 1시 5분이라고 생각했는가? 매시 5분일 때 분침은 정확하게 숫자 1을 가리킨다. 그러나 시침은 1시일 때 숫자 1에 있다가 분침이 움직이는 5분 동안 시침도 움직인다. 따라서 시

침은 그림과 같이 숫자 1과 2 사이에 있으므로 1시 5분에서 10분 사이에 시침과 분침이 정확하게 일치한다.

시침과 분침은 끊임없이 움직이므로 이 문제에서는 분침의 움직임뿐 아니라 시침의 움직임도 생각해야 한다. 시곗바늘은 원 모양으로 움직이며 분침은 60분 동안 한 바퀴를 돌고, 시침은 12시간 동안 한 바퀴를 돈다.

분침과 시침이 1분당 움직이는 각도를 계산해보자. 원은 $360°$이므로, 분침은 60분마다 $360°$ 움직이고, 시침은 12시간 즉, 720분 동안 $360°$ 움직인다. 그러므로 분침은 1분당 $6°$씩, 시침은 1시간당 $30°$씩, 그리고 1분당 $0.5°$씩 움직인다. 시계가 1시를 가리킨 이후 분침은 숫자 12에서 출발하며, 시침은 숫자 1에서 출발한다.

주어진 조건 정리

시침 : 숫자 1에서 출발, 1시간당 $30°$씩, 1분당 $0.5°$씩 움직인다.

분침 : 숫자 12에서 출발, 1분당 $6°$씩 움직인다.

우리는 시침과 분침이 일치하는 시간을 알아내야 하고, 특히 1시 몇 분인지를 구해야 한다. 따라서 구하고자 하는 몇 분을 x분이라고 하자. 그렇다면 1시 x분에 시침과 분침이 일치하므로 시침이 숫자 12에서 움직인 각도와 분침이 숫자 12로 움직인 각도가 서로 일치해야 한다.

분침은 숫자 12에서 출발하므로 x분 동안 $6x°$를 움직일 것이다. 반면 시침은 1시에서 출발하므로 숫자 12보다 $30°$ 앞서 있으며 x분 동안 $0.5x°$를 움직일 것이다. 따라서 $6x° = 0.5x° + 30°$라는 일차방정식을 세울 수 있다. 방정식은 등식의 양쪽에 같은 수를 더하거나 빼거나 곱하거나 나누어도 등식이 여전히 성립한다. 이를 이용해 식을 풀어보자.

$6x = 0.5x + 30$

$6x - 0.5x = 30$ ··· 문자는 문자끼리 모으기

$\dfrac{11}{2}x = 30$ ··· 등식의 양쪽에 같은 수 곱하기

$x = 30 \times \dfrac{2}{11} = \dfrac{60}{11} = 5\dfrac{5}{11}$

따라서 1시 $5\dfrac{5}{11}$분에 12시 이후 처음으로 시침과 분침이 일치한다.

📝 년, 월, 날, 시, 분, 초의 역사

시간을 기록하는 법은 기원전 2000년경 고대 메소포타미아 지역에서 살았던 고대 바빌로니아인들이 발명했다. 기원전 3000년경 바빌로니아인들 이전에 살았던 수메르인과 바빌로니아인들은 오늘날 이라크에 있는 티그리스강과 유프라테스 강변의 비옥한 계곡 지역인 메소포타미아에 살면서 문명을 발전시켰다.

특히, 수메르인들은 60진법을 사용했다. 현재 사용하는 10진법에서는 숫자를 10의 거듭제곱의 합으로 표현할 수 있다. 예를 들어 1234는 $1 \times 10^3 + 2 \times 10^2 + 3 \times 10 + 4 \times 1$이다. 반면 수메르인이 사용했던 60진법에서는 숫자를 60의 거듭제곱의 합으로 표현할 수 있었다. 예를 들어 $1234 = 20 \times 60 + 34$이므로 10진법에서의 1234를 60진법에서는 20 34로 표현했을 것이다. 앞에 있는 20은 60이 20개 있다는 의미이고, 뒤에 있는 34는 1이 34개 있다는 의미이다. 수메르인이 60진법을 사용한 이유는

60은 1, 2, 3, 4, 5, 6, 10, 12, 15, 20, 30, 60 등 많은 수로 나누어 떨어지기 때문에 분수를 다루거나 나눗셈을 하기가 쉬웠기 때문이다.

농경 사회에서는 가축이나 곡물 등을 나눌 때 더 많은 사람에게 분쟁 없이 나누는 것이 중요했다. 메소포타미아 문명의 수학은 식량의 저장, 세금 징수 등 실용적인 계산 문제를 해결하기 위해 발전했다. 특히 농경 사회에서는 씨를 뿌리는 시기와 곡물을 수확하는 시기 등을 정확히 알기 위해 시간을 잴 필요가 있었다. 천문학자들은 태양과 별, 달의 움직임을 보고 시간을 발명하기 시작했다.

해가 뜨고 지면서 생기는 빛과 어둠의 주기에 따라 사람들은 자연스럽게 하루를 인식했다. 지금은 지구가 태양을 중심으로 1년에 한 번씩 공전한다는 사실을 알지만 이 사실을 알 리 없던 수메르인들은 태양이 지구를 중심으로 움직인다고 생각했다. 지구에서 볼 때 태양은 하늘의 한 점에서부터 특정한 궤도로 움직였다. 수메르인들은 이 궤도를 원이라 보고, 태양이 한 점에서 출발해 다시 그 점에 도착하는 시간을 1년으로 잡았다. 그들은 1년을 360일이라고 생각했다.

태양이 움직이는 궤도에는 별이 있었고, 그들은 열두 개의 별자리를 발견했다. 양자리, 황소자리, 쌍둥이자리, 게자리, 사자자리, 처녀자리, 천칭자리, 전갈자리, 궁수자리, 염소자리, 물병자리, 물고기자리는 수메르인이 이름을 붙인 것이다. 그래서 수메르인들은 1년을 열두 달로 보았다. 그리고 1년은 360일이므로 한 달은 30일이 되었다. 그러나 실제로 1년이 365일이므로 시간이 약간씩 어긋났다. 그래서 그들은 윤년을 만들어 1년을 열세 달로 만들기도 했다.

이후 바빌로니아인들은 해시계를 이용해 시간을 측정했다. 맑은 날 긴 막대를 땅 위에 세워놓고 해의 움직임에 따른 그림자를 보며 낮을 12시간으로 나누었다. 오늘날 시계가 움직이는 방향이 오른쪽에서 왼쪽인 것은 바빌로니아에서 바라본 해의 움직임에서 비롯되었다. 그들은 하루를 낮과 밤으로 나누고, 각각 12시간으로 나누었기 때문에 하루는 24시간이 되었다. 또한 바빌로니아인들은 한 시간을 60분으로 나누고, 1분을 60초로 나누어 시간을 발명했다.

앞서 바빌로니아인들은 원주율을 구하기 위해 원 안에 내접하는 정육각형을 활용했다고 했다.

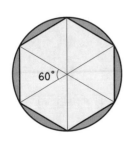

바빌로니아인들은 해의 움직임을 원으로 생각했고, 1년은 360일로 생각했기 때문에 원도 360°라고 생각했다. 그림과 같이 원의 중심각이 정삼각형으로 6등분 되므로 정삼각형의 한 내각은 60°가 되었다. 또한 바빌로니아인들은 1년을 4계절로 보고 한 계절을 3개월씩 잡았다. 따라서 원을 4등분한 부채꼴의 중심각인 직각을 90°라고 두었다.

✎ 한국에서의 60의 의미

2021년을 신축년, 2022년을 임인년 등으로 말하며 역사적 사건 또한 임진왜란, 갑신정변, 갑오개혁, 을미사변 등으로 표현한다. 여기에서 앞의 두 글자 신축, 임인, 임진, 갑신, 갑오, 을미 등은 무엇을 의미하는 것일까?

동양의 대표적 철학인 음양 사상은 하늘과 땅, 해와 달, 남과 여처럼 세상을 양과 음으로 나누고, 이 둘의 조화를 이루고자 했다. 특히 중국, 한국, 일본에서는 연도를 표시할 때 하늘의 기운으로 하늘의 시간을 뜻하는 '천간'과 땅의 기운으로 땅을 지키는 동물을 의미하는 '지지'를 함께 사용했다.

천간은 갑(甲), 을(乙), 병(丙), 정(丁), 무(戊), 기(己), 경(庚), 신(辛), 임(壬), 계(癸)로 10간이 있고, 지지는 자(子), 축(丑), 인(寅), 묘(卯), 진(辰), 사(巳), 오(午), 미(未), 신(申), 유(酉), 술(戌), 해(亥)로 12지가 있으며 이는 땅을 지키는 열두 동물로 각각 쥐, 소, 호랑이, 토끼, 용, 뱀, 말, 양, 원숭이, 닭, 개, 돼지를 의미한다. 간지란 천간과 지지를 총칭하며 열 개의 천간과 열두 개의 지지

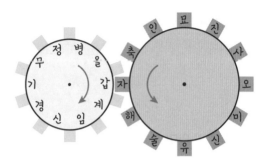

가 순서대로 맞물려서 나타나는 원리이다.

위의 그림처럼 천간과 지지의 첫 자인 '갑'과 '자'가 맞물려 '갑자'가 되며, 이후 '을축', '병인', '정묘'의 순서로 이어진다. 한국에서는 세종 26년(1444년)을 갑자년의 기준으로 삼고, 오늘날까지도 연도를 간지를 이용해 표현하고 있다.

열 개의 천간은 각각 나타내는 색이 있는데 갑과 을은 푸른색을 의미하고, 병과 정은 붉은색, 무와 기는 노란색, 경과 신은 하얀색, 임과 계는 검은색을 의미한다. 오늘날 이 천간에 해당하는 색과 지지에 해당하는 동물을 더해서 특정 연도를 부르는 방식으로 사용하고 있다. 예를 들어 2021년을 신축년, '흰 소의 해'라고 일컬으며, 2022년을 임인년, '검은 호랑이의 해'라고 하는 이유이다.

천간은 10년마다 한 번씩 돌아오므로 각 연도의 일의 자리 숫자를 보면 어떤 천간인지 알 수 있다. 혹은 각 연도를 10으로 나눈 후 그 나머지를 보아도 좋다. 1444년이 갑의 해였으므로 일의 자리 숫자가 4인 해는 '갑'의 해이다. 이후 차례대로 천간을 대응시키면 다음의 표와 같다.

10으로 나눈 나머지 (일의 자릿수)	4	5	6	7	8	9	0	1	2	3
천간	갑	을	병	정	무	기	경	신	임	계

지지는 12년마다 한 번씩 돌아오므로 각 연도를 12로 나눈 후 그 나머지를 보고 알 수 있다. 1444년을 12로 나누면 나머지가 4이므로 '자'의 해이다. 이후 차례대로 지지를 대응시키면 다음의 표와 같다.

12로 나눈 나머지	4	5	6	7	8	9	10	11	0	1	2	3
지지	자	축	인	묘	진	사	오	미	신	유	술	해

그렇다면 같은 간지는 몇 년마다 한 번씩 돌아올까? 천간은 10년마다 한 번씩 돌아오므로 10년 후, 20년 후…60년 후에 같은 천간을 가질 것이다. 지지는 12년마다 한 번씩 돌아오므로 12년 후, 24년 후, 36년 후, 48년 후, 60년 후에 같은 지지를 가질 것이다. 따라서 12년과 10년의 최소공배수인 60년 후에 같은 간지가 처음으로 다시 돌아오며 이후 60년마다 반복된다. 1444년에 갑자년이므로 그다음 갑자년은 1504년, 1564년…이 될 것이다.

천지와 지지가 서로 맞물려 60가지의 서로 다른 간지를 만들 수 있으므로 이를 '60간지'라고 하며 '육십갑자'라고도 한다. 따라서 한국에서는 60번째 생일인 환갑은 태어난 해의 육십갑자와 같은 두 번째 생일이라고 여겨 굉장히 의미가 깊은 날이다. 가장 오래 살았던 사람으로 기록된 할머니가 122년을 살았다고 하니 그녀는 무려 세 번이나 같은 육십갑자의 생일을 경험한 셈이다. 자, 이제 여러분의 태어난 해를 육십갑자로 계산해보자.

키워드
중1 과정 # 수와 연산 # 방정식 # 최소공배수
등식, 등식의 성질

1시 $5\frac{5}{11}$분 이후에 시침과 분침이 만나는 시간은 2시 10분과 15분 사이일 것이다. 시계가 2시를 가리킨 후 분침은 숫자 12에서, 시침은 숫자 2에서 출발한다. 그렇다면 2시 x분에 시침과 분침이 만난다고 하자.

분침은 x분 동안 $6x°$를 움직이며, 시침은 분침보다 $60°$ 앞서 있고, x분 동안 $0.5x°$를 움직일 것이다.

따라서 $6x = 0.5x + 60$이라는 등식을 세울 수 있다.

이를 풀면 $x = \frac{120}{11} = 10\frac{10}{11}$이다.

즉, 시침과 분침이 2시 $10\frac{10}{11}$분에 또 만난다.

이와 같은 방식으로 반복하여 이후 시간대를 구해보자.

만나는 시간	식	x	시간
1시 x분	$6x = 0.5x + 30$	$x = \frac{60}{11} = 5\frac{5}{11}$	1시 $5\frac{5}{11}$분
2시 x분	$6x = 0.5x + 60$	$x = \frac{120}{11} = 10\frac{10}{11}$	2시 $10\frac{10}{11}$분

3시 x분	$6x=0.5x+90$	$x=\dfrac{180}{11}=16\dfrac{4}{11}$	3시 $16\dfrac{4}{11}$분
4시 x분	$6x=0.5x+120$	$x=\dfrac{240}{11}=21\dfrac{9}{11}$	4시 $21\dfrac{9}{11}$분
5시 x분	$6x=0.5x+150$	$x=\dfrac{300}{11}=27\dfrac{3}{11}$	5시 $27\dfrac{3}{11}$분
6시 x분	$6x=0.5x+180$	$x=\dfrac{360}{11}=32\dfrac{8}{11}$	6시 $32\dfrac{8}{11}$분
7시 x분	$6x=0.5x+210$	$x=\dfrac{420}{11}=38\dfrac{2}{11}$	7시 $38\dfrac{2}{11}$분
8시 x분	$6x=0.5x+240$	$x=\dfrac{480}{11}=43\dfrac{7}{11}$	8시 $43\dfrac{7}{11}$분
9시 x분	$6x=0.5x+270$	$x=\dfrac{540}{11}=49\dfrac{1}{11}$	9시 $49\dfrac{1}{11}$분
10시 x분	$6x=0.5x+300$	$x=\dfrac{600}{11}=54\dfrac{6}{11}$	10시 $54\dfrac{6}{11}$분
11시 x분	$6x=0.5x+330$	$x=\dfrac{660}{11}=60$	11시 60분=12시

이때 시침이 숫자 11과 12 사이에 있을 때는 시침과 분침이 서로 일치하지 않고 12시에 일치한다는 것을 알 수 있다. 따라서 시침과 분침은 12시간 동안 열두 번이 아닌 열한 번 일치하기 때문에 하루 동안 총 스물두 번 일치한다.

숫자를 지배하는 자

✎ 고대 인도의 수학, 베다 수학

　다음은 간단한 곱셈 테스트이다. 물론 충분히 답할 수 있는 문제이니 너무 걱정하지 않아도 된다. 다만 최대한 빨리 계산해보자. 제한 시간은 3초이다.

$$17 \times 12$$

　첫 문제라서 너무 갑작스러웠을 수 있다. 그러면 비슷한 문제를 3초 안에 계산해보자.

$$18 \times 13$$

초등학교 저학년 정도 되면 구구단을 외우고, 고학년이 되면 두 자릿수의 곱셈을 세로로 계산하는 방법을 배운다.

$$
\begin{array}{r}
17 \\
\times 12 \\
\hline
34 \\
17 \\
\hline
204
\end{array}
$$

그러나 이 방법으로 17×12를 3초 안에 풀기는 어렵다. 종이에 옮겨 적는 데만 시간을 다 써버릴 것이고, 계산기가 있다 해도 수식을 치는 데만 3초 이상 걸릴 것이다. 그렇다고 이 문제를 암산으로 계산하기도 만만치 않을 것이다.

지금부터 기존의 암산 방법과 다른 계산 방법을 알려주려고 한다. 17×12를 암산할 때 17과 2의 합 19를 190으로 생각한 후 7과 2의 곱 14를 더하면 190+14=204라는 답이 나온다.

18×13의 계산 과정을 좀 더 자세히 살펴보자.

1단계 : 두 수 중 한 수의 일의 자릿수와 다른 수를 더한다. 13의 일의 자릿수 3과 18을 더하면 21이다.

2단계 : 1단계에서 구한 값에 10을 곱한다. 그러면 21은 210이 된다.

3단계 : 두 수의 일의 자릿수를 곱한다. 13의 일의 자릿수 3과 18의 일의

자릿수 8을 곱하면 24이다.

4단계 : 2단계에서 구한 수와 3단계에서 구한 수를 더하면 두 수를 곱한 값

이 나온다. 따라서 답은 210＋24＝234이다.

마지막으로 한 문제만 더 풀어보자. 이제 3초 안에 답할 수 있

을 것이다.

$$13 \times 12$$

13과 2의 합 15를 150으로 생각한 후 3과 2의 곱 6을 더하면

150＋6＝156이 된다. 이 암산 방법은 10 이상 19 이하의 두 자

릿수의 곱셈에서 모두 적용된다. 따라서 이를 이용하면 구구단

을 19단까지 확장할 수도 있다.

이 암산 방법의 원리를 알아보자.

17×12의 곱셈 방법은 곱하는 수 12를 십의 자릿수 1과 일의

자릿수 2로 쪼개서 17에 각각 곱해준 다음 더해주는 방식이다.

이를 다음 그림과 같이 사각형의 넓이를 구한다고 생각해보자.

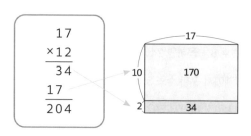

　가로의 길이가 17이고, 세로의 길이가 12인 직사각형의 넓이
를 구할 때 12를 10과 2로 쪼개어 두 직사각형 넓이의 합을 구
하면 된다. 연한 연두색 직사각형의 넓이인 170과 진한 연두색
직사각형의 넓이인 34를 구한 후 더하면 된다. 이를 암산할 때
는 연한 연두색 직사각형 넓이인 170은 쉽게 암산이 되지만 진
한 연두색 직사각형 넓이인 34를 구한 후 더하는 것이 복잡하게
느껴진다.

　이제 새로운 암산 방법의 원리를 살펴보자.

　이 방법은 12만 10+2로 쪼개는 것이 아니라 17도 10+7로
쪼갠다. 그러면 가로 길이가 17이고, 세로 길이가 12인 직사각
형 넓이를 구할 때 네 조각으로 쪼개어 네 개의 직사각형 넓이
를 각각 구해 더하면 된다.

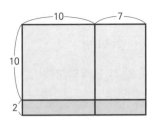

이때, 왼쪽 밑의 직사각형을 오른쪽 직사각형 옆에 붙이자. 기존의 가로 길이가 10이었던 직사각형이 세로 길이가 10인 직사각형으로 변한다. 그러면 세 개의 직사각형이 합쳐져서 큰 직사각형 한 개가 만들어진다. 따라서 네 개의 직사각형 넓이를 구해야 했던 문제가 두 개의 직사각형 넓이를 구해 더하는 문제로 바뀐다.

새롭게 만들어진 직사각형은 가로 길이가 $17+2=19$이고, 세로 길이가 10이며, 아래쪽 직사각형의 넓이는 일의 자릿수들의 곱셈 $7 \times 2 = 14$가 된다. 따라서 $190+14=204$로 구할 수 있다.

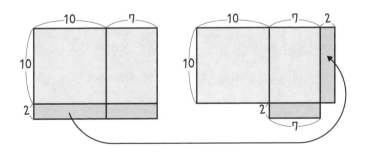

이 방법은 고대 인도에서 전승된 베다 수학으로 푼 것이다. 인도인들은 고대부터 19단을 외웠다.

기원전 1200년경에 생긴 브라만교는 고대 인도의 종교로 힌두교의 전신이다. 브라만의 경전이 바로 베다이다. 베다는 '알다'라는 뜻으로, 사제들에 의해 입에서 입으로 전해졌으며 여기에는 수많은 수학 공식이 숨어있었다. 인도의 수학자 스와미 바라타 크리슈나 티르타지는 이것을 정리해 현대의 베다 수학으로 부활시켰다.

인도인들은 고대부터 뛰어난 수학 실력을 보여주었으며 현재까지도 수학과 과학 분야에서 세계적으로 뛰어난 역량을 보여주고 있다. 미국 실리콘밸리의 수많은 기업 창업자 중 15%가 인도계 사람이며, 세계 유수의 IT 기업과 대학에서 인도인들이 활약하고 있다.

✎ 인도인들의 숫자 발명

인도인들의 가장 큰 업적은 바로 국제 언어인 숫자를 발명했다는 것이다. 우리가 익히 알고 있는 열 개의 숫자 기호 0, 1, 2, 3, 4, 5, 6, 7, 8, 9는 바로 인도인이 개발했다. 하지만 이를 인도 숫자가 아닌 아라비아 숫자라고 부른다. 그 이유는 무엇일까?

    6세기 이후 아라비아 제국은 인도를 포함해 영토를 확장했으며 고대 인도의 문화를 흡수했다. 다스릴 나라가 커지자 아라비아인들은 상업과 무역을 위해 편리하고 정확한 계산술이 필요했다. 그래서 계산에 편리한 인도의 산술과 대수를 적극적으로 수용했다.

아라비아의 수학자 알콰리즈미는《인도 수학에 의한 계산법》이라는 책을 썼다. 이 책에서 알콰리즈미는 인도 숫자를 소개하며 사칙 연산(덧셈, 뺄셈, 곱셈, 나눗셈)을 제시했다.

아라비아 상인들은 유럽과 인도를 오가며 이 숫자를 사용했다. 아라비아 지역에서 공부하고 있던 이탈리아 수학자 피보나치는 인도 숫자를 소개한 수학책을 1202년에 출간했고, 이는 로마 숫자를 사용하던 유럽에 인도 숫자가 들어오는 결정적인 계기가 되었다. 아라비아인들은 인도 숫자를 발명하지는 않았지만 숫자 표기의 대중화에 기여한 일등공신이었다.

다음의 그림은 인도 숫자가 아라비아에 유입되고 다시 유럽으로 유입되면서 어떻게 변화했는지를 보여준다. 시간이 지날수록 현대의 인도 숫자와 같은 형태로 변화되었다. 혹시 그림에서 1세기와 9세기 사이에 숫자가 하나 덧붙여진 것을 알아차렸는가? 인도인들은 1, 2, 3, 4, 5, 6, 7, 8, 9뿐 아니라 0도 개발했다. 역사학자들은 8세기 인도 중부에 있는 사원의 벽에 0이 새겨진 것이 가장 오래된 기록이라고 생각했으나 2017년 9월, 영

1세기 인도 숫자

9세기 인도 숫자

11세기 아라비아에서의 인도 숫자

16세기 유럽에서의 인도 숫자

국 옥스포드대학에서 3세기에 쓰여진 것으로 추정되는 인도의 문서 속에 0이 사용된 것을 발견했다.

인도의 수학자 브라마굽타는 그의 저서에서 재산, 빚, 0을 계산하는 규칙을 제시했다. 이때 재산은 양수, 빚은 음수를 의미하며 0은 '텅 비어있다'라는 의미의 인도어 '수냐(sunya)'라고 했다. 브라마굽타는 0을 어떤 수에서 그 자신을 뺀 결과로 정의했다. 또한 0을 계산하는 방식에 대해 어떤 수에 0을 더하거나 빼면 그 수는 변하지 않는다고 설명했다.

아라비아인들은 0을 '비어있다'라는 의미를 지닌 아라비아어 '시프르(sifr)'로 이름을 바꾸었다. 또 0을 받아들인 유럽인들은 이를 라틴어인 '제피룸(zephirum)'으로 번역했고, 이후 0은 영어로 '제로(zero)'라고 불렸다.

✎ 인도 숫자의 매력

현재 기호로 숫자를 통일한 인도 숫자의 매력을 파헤쳐보자. 인도에서는 10을 단위로 수를 세는 법 즉, 10진법을 사용한다. 사실 고대부터 현대까지 인류가 사용한 거의 모든 기수법은 10진법이었다. 수를 셀 때 본능적으로 손가락을 이용하기 때문이다. 손가락을 이용한 수 세기는 고대 이집트, 고대 그리스, 고대 로마 그리고 고대 중국을 비롯한 동양의 여러 나라에서 발견되었다.

한국에는 1부터 10까지 수를 세는 데 하나, 둘, 셋, 넷, 다섯, 여섯, 일곱, 여덟, 아홉, 열이라는 고유의 수사가 있다. 하나는 태양과 같은 말인 해의 옛말에서, 둘은 달의 옛말에서, 셋은 설에서 비롯되었다고 한다. 또 다섯과 열은 우리 선조들이 손가락셈을 했다는 흔적으로 볼 수 있는데 손가락을 하나씩 접으면서 수를 셀 때 다섯 번째에는 손가락이 모두 닫히기 때문에 다섯이라는 말은 '닫힌다'에서 비롯되었다고 하며, 열은 닫힌 손가락이 모두 펼쳐지므로 '열린다'에서 비롯되었다고 한다. 지금은 열, 스물, 서른, 마흔, 쉰, 예순, 일흔, 여든, 아흔을 이용한 99까지의 한글 수 표현이 있지만 옛 순우리말에는 100을 나타내는 '온', 1,000을 나타내는 '즈믄'이라는 말도 있었다.

다음은 고대 이집트 숫자부터 로마 숫자, 한자, 한국의 수 표현을 정리한 표이다.

이 중 로마 숫자와 다른 숫자의 차이점을 찾아보자. 로마 숫자는 5를 V, 10을 X, 50을 L, 100을 C, 500을 D, 1,000을 M으로 나타낸다. 이를 볼 때 로마는 10진법이 아닌 5진법을 사용했다

아라비아 숫자	이집트 숫자	로마 숫자	한자 숫자	우리나라 숫자
1	｜	I	一	하나
2	｜｜	II	二	둘
3	｜｜｜	III	三	셋
4	｜｜｜｜	IV	四	넷
5	｜｜｜｜｜	V	五	다섯
6	｜｜｜｜｜｜	VI	六	여섯
7	⦚⦚⦚	VII	七	일곱
8	⦚⦚⦚⦚	VIII	八	여덟
9	⦚⦚⦚⦚⦚	IX	九	아홉
10	∩	X	十	열
50	∩∩∩∩∩	L	五十	쉰
100	℮	C	百	온
500	℮℮℮℮℮	D	五百	다섯온
1000	⚱	M	千	즈믄

는 것을 알 수 있다. 또한 4를 IV로, 6을 VI로 나타낸 것으로 미루어 보아 V를 기준으로 왼쪽에 쓰면 뺄셈, 오른쪽에 쓰면 덧셈으로 생각해 수를 만들었다는 것을 알 수 있다.

반면 고대 이집트, 한자, 한국의 수 표현에서는 10, 100, 1000 등 10의 거듭제곱에 따라 새로운 문자를 도입하고 10진법을 이용해 수를 표현했다는 것을 알 수 있다. 하지만 인도 숫자만의 매력은 바로 이러한 새로운 숫자들을 도입하지 않아도 된다는 점이다.

인도 숫자는 0, 1, 2, 3, 4, 5, 6, 7, 8, 9를 이용하면 아무리 큰 수라도 표현할 수 있다. 옛날에는 주로 작은 수들을 다루었으므로 큰 숫자들이 필요하지 않았다. 하지만 경제가 발달하자 점차 큰 숫자가 필요했고, 각 나라에서는 큰 숫자가 쓰일 때마다 새로운 문자를 도입해 수를 표현했다. 하지만 사회와 경제가 계속 발전하면서 더 큰 수를 표현해야 하는 일이 많아졌고 기존의 수 체계로 표현하기에는 너무 복잡하고 불편했다. 예를 들어 2,648을 다양한 숫자로 표현해보자.

그림과 같이 이집트와 로마에서의 수 체계는 2648을 $1000+1000+500+100+10+10+10+10+5+3$처럼 수를 나열한 후 모두 더해 수를 표현한다. 반면 중국과 우리나라의 숫자는 2648을 $2\times1000+6\times100+4\times10+8$로 각 10의 거듭제곱을 단위로 잡아 그에 해당하는 묶음 수를 곱한 다음 합하여 표현한

인도	2	6	4	8
이십트	𓏺𓏺	𓎆𓎆𓎆	𝐧𝐧𝐧𝐧	‖‖
로마	MM	DC	XL	VIII
중국	二千	六百	四十	八
우리나라	두 즈믄	여섯 온	마흔	여덟

다. 반면 인도 숫자 2648에서는 각 숫자를 쓰는 자리에 자릿값 1000, 100, 10, 1이 정해져 있어서 그 위치에 숫자가 쓰이면 자릿값과 서로 곱하여 값이 더하면 전체 수의 값이 나타난다. 즉, 2는 1000의 자릿수이고, 6은 100의 자릿수, 4는 10의 자릿수, 8은 1의 자릿수여서 $2 \times 1000 + 6 \times 100 + 4 \times 10 + 8$을 함축적으로 의미한다.

인도 숫자가 이렇게 각 자릿수의 위치를 통해 수를 표현할 수 있는 것은 바로 0 덕분이다. 인도에서는 0을 반복적으로 사용해 1, 10, 100, 1000… 등 기존의 기호로 단위를 만들어낼 수 있다. 이를 이용해 0이 얼마나 반복했느냐에 따라 어떠한 큰 수도 표현할 수 있다. 반면 인도 숫자 외의 다른 숫자들은 각 단위 수 10의 거듭제곱마다 새로운 숫자를 발명해야 했고 큰 수를 표기하는 데 한계가 있을 수밖에 없었다.

또한 숫자를 표현할 때 0이 쓰인다면 0이 적힌 자릿수가 비어 있음을 의미하기도 한다. 예를 들어 2380, 2308, 2038을 비교해보자. 여기에서 0이 각각 일의 자리, 십의 자리, 백의 자리에 위치해있으므로 해당 자릿수가 비어있음을 의미한다.

만약 0이 없다면 238 , 23 8, 2 38처럼 해당 자릿수를 비워 표시해야 하므로 이 세 수를 구분하는 데 어려웠을 것이다. 하지만 공란 대신 0을 사용하면서 수를 명확하고 간단하게 표현할 수 있다. 따라서 어떠한 수도 0, 1, 2, 3, 4, 5, 6, 7, 8, 9를 이용해 표현할 수 있다.

인도 숫자는 아라비아 상인들을 통해 일반인에게 널리 보급되어 마침내 전성기를 맞았다. 인도 숫자가 유럽에 보급되자 계산에서 한계를 느끼고 있던 모든 분야의 학문이 격동적으로 발전했다.

유럽의 도시들은 인도 숫자를 받아들이고 상공업을 발전시켜 무역을 통해 경제력을 키웠다. 경제력을 가진 상인들은 예술과 학문을 부흥시키는 데 노력했다. 이때를 '르네상스'라고 한다. 르네상스는 14~16세기까지 유럽에서 나타난 문화와 학문의 부흥기를 뜻한다. 이때 수학뿐 아니라 상업, 천문학, 물리학, 산업 분야의 발달이 가속화되었다.

키워드

#중1 과정 #자연수 #정수 #0

음수의 반전

📝 **음수와 음수의 곱이 양수인 것이 잘 받아들여지지 않는 이유**

친구 A에게 2만 원을 빌렸고 친구 B에게 3만 원을 빌렸다고 하자. 이를 각각 −20,000과 −30,000으로 표현할 수 있다. 이 두 수를 곱하면 +600,000,000이다. 따라서 두 빚을 곱하면 자그마치 6억이 이익인 것이다. 어떻게 빚과 빚을 곱하면 더 큰 이익을 얻을 수 있는 것일까?

영상의 온도/영하의 온도, 이익/손해, 지상/지하와 같이 서로 반대되는 성질을 수로 나타낼 때 양의 부호(+)와 음의 부호(−)를 사용해 나타낸다. 0보다 더 큰 수를 '양수'라고 하고, 0보다 작은 수를 '음수'라고 한다.

예로부터 음수는 양수의 반대 개념으로 일상생활에서 자주 쓰였다. 그러나 수학자들이 음수를 수로 받아들이고 현재의 계산 방식과 연구가 적립되기까지는 1,600년 정도의 시간이 걸렸다.

✎ 학자들에게 문전박대 당한 음수

음수가 처음 문헌에 나타난 것은 고대 중국의 수학서 《구장산술》에서였다. 한자가 발전하기 전에는 대나무로 만든 막대를 이용해 수를 표현했다. 수를 계산할 때 사용한 막대를 '산(算)가지'라고도 한다. 고대 중국에서는 양수는 빨간 산가지로, 음수는 검은 산가지를 사용해 나타냈다.

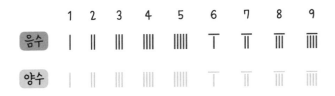

또한 방정식을 풀이할 때 가축을 판 값은 양수로, 가축을 사기 위해 지불해야 할 값은 음수로 나타내어 계산한 점도 눈에 띈다. 이를 통해 방정식의 계산 과정에서 양수와 음수의 덧셈과 뺄셈을 했다는 것을 알 수 있다.

수학자들은 음수를 일상생활 속에서는 인식하고 있었지만 음수 자체가 눈에 보이지 않고 음수의 계산에서 설명이 안 되는 부분이 있었기 때문에 학문에서 음수를 다룬다는 것은 비합리적이라고 생각했다.

일례로 독일의 과학자인 파렌하이트는 화씨온도계를 개발했다. 화씨온도는 물이 얼 때의 온도를 32℉로, 물이 끓을 때의 온도를 212℉로 정하고 이 두 값 사이를 180등분한 온도이다. 반면 우리가 사용하는 섭씨온도는 물이 얼 때의 온도를 0℃로, 물이 끓을 때의 온도를 100℃로 정하고 이 두 값 사이를 100등분한 온도이다. 화씨온도와 섭씨온도의 관계식은 다음과 같다.

$$화씨온도 = (섭씨온도 \times 1.8) + 32$$

화씨온도에서 0℉는 섭씨온도 약 영하 18℃로 그 당시 실험실에서 얻을 수 있는 가장 낮은 온도였다. 그래서 실험을 하더라도 화씨온도계로는 영하의 온도가 거의 나오지 않았다. 당시 학자들이 음수를 받아들이지 않았기 때문에 이 화씨온도계를 사용하면 음수의 계산을 피할 수 있었다.

그리스의 수학자 디오판토스는 방정식의 계산 과정에서 음수를 발견했다. 그는 방정식 $4x + 20 = 4$에서 $x = -4$가 나오자 이를 불가능한 답이라고 여겼으며 문제 또한 불합리한 것이라고 생각했다. 아라비아의 수학자 알콰리즈미도 이차방정식을 풀면서 양수와 음수의 해를 찾았지만 디오판토스처럼 음수를 받아들이지 않았다.

알콰리즈미는 이차방정식 $x^2+10x=39$의 풀이를 도형을 이용해 제시했는데 그 과정을 살펴보자. 우선 방정식의 각 항을 도형으로 해석해보자. 예를 들어 x^2을 다음의 그림처럼 정사각형의 넓이라고 생각할 수 있다.

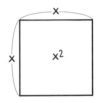

그리고 $10x$는 직사각형의 넓이로 생각할 수 있으며 이는 넓이가 $5x$인 두 개의 직사각형으로 쪼갤 수 있다.

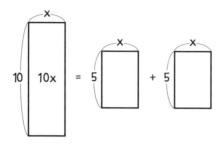

넓이가 x^2인 정사각형에서 새로 생긴 직사각형 두 개를 이어 붙이면 직각자 모양으로 만들 수 있다. $x^2+10x=39$이므로 이 도형의 넓이를 39로 만드는 x의 값을 구하면 된다.

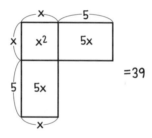

직각자 모양에서 비어있는 부분을 채워 정사각형을 만들면 x를 쉽게 구할 수 있다.

비어있는 부분은 한 변의 길이가 5인 정사각형이므로 이 부분을 채워보면 새로 만든 정사각형의 넓이가 64가 된다.

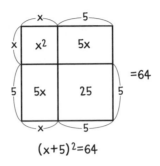

$(x+5)^2=64$

따라서 새로 만든 정사각형 한 변의 길이는 $x+5$이고, 넓이는 64이므로 $x+5=8$이다. 따라서 $x=3$임을 알 수 있다.

그렇다면 이 풀이 방법과 현대의 방정식 풀이와의 차이점은 무엇일까?

식 $(x+5)^2=64$가 나오는 부분까지는 지금의 풀이 방법과 일치한다. 하지만 어떤 수를 제곱하여 64가 될 때 어떤 수는 8도 되지만 -8도 될 수 있다. 어떤 수를 제곱하여 양수 a가 될 때 어떤 수를 'a의 제곱근'이라고 한다. 제곱근에는 양의 제곱근과 음의 제곱근 두 개가 있다. 따라서 문제에 적용하면 $x+5=-8$일 수도 있으므로 $x=-13$이 될 수 있다.

하지만 아라비아 수학자들은 계산할 때 도형을 이용했기 때문에 음수인 근을 인정하지 않았다. 고대 그리스의 기하학과 중세 인도의 수학을 이어받은 아라비아 수학자들은 방정식의 근은 물론 방정식의 계수도 양수이어야 한다고 생각했다.

반면 알콰리즈미의 이차방정식 풀이 방법은 주목할 만하다. 그의 풀이 방법은 이차방정식의 근의 공식을 이끌어낼 수 있는 원리가 숨어있기 때문이다.

✎ 음수 계산의 어려움

유럽으로 아라비아의 수학책들이 들어오고 인도 숫자가 도입되자 유럽의 상업은 급속도로 발전했다. 은행업이 번창하고 무역이 활성화되자 양수와 음수가 적극적으로 사용되었다. 또한 아라비아 수학자들의 연구에서 기존의 일차방정식과 이차방정식의 계산 방법을 응용해 고차 방정식 풀이 방법이 연구되기 시작했다.

방정식의 풀이에서 음수가 계속해서 등장했지만 현실에서는 양수의 상대적인 역할로만 사용한 음수를 학문적으로 해석하기에는 한계가 드러났다. 음수의 계산에서 이해하기 가장 어려운 부분은 음수끼리의 곱셈과 나눗셈이었다. 프랑스의 작가인 스탕

146

달은 맨 처음 나온 문제처럼 "어떻게 1만 프랑의 빚에 500프랑의 빚을 곱해서 500만 프랑을 얻을 수 있는가?"라고 반문했다.

또한 음수의 계산에 따르면 비례식 $1:(-4)=(-5):20$이 성립한다. 그러나 수학자 아놀드는 $1:(-4)$와 $(-5):20$은 같을 수 없다고 주장했다. 1은 -4보다 크고 -5는 20보다 작으므로 1과 -4의 관계가 -5와 20의 관계와 같을 수 없다는 입장이었다.

양수의 반대되는 개념으로서의 음수를 식의 계산으로 이해하려 할 때는 늘 해석에 대한 문제에 부딪혔다. 하지만 방정식을 연구하면 할수록 음수의 존재가 도드라졌다. 이탈리아의 수학자 카로다노가 삼차방정식의 해법을 구하면서 마침내 음수인 근의 존재를 인정했다.

수많은 수학자가 음수의 계산 방식에 대해 갑론을박한 끝에 19세기에 이르러 잉글랜드의 수학자 피콕에 의해서 음수를 수의 체계로 받아들였다. 이때 피콕은 음수가 가지는 현실적인 의미를 배제하고 음수를 형식적인 수로 이해하도록 했다.

다음의 표에서 a, b, c, d, e를 각각 구해보자. 왼쪽 계산식을 보면 위에서 아래로 내려갈 때 +5에 1씩 작아지는 수를 곱할수록 그 결과가 5씩 작아짐을 알 수 있다. 따라서 $a=-5, b=-10$이다. 이와 마찬가지로 오른쪽 계산식을 보면 음의 정수 -5에 1씩 작아지는 수를 곱할수록 그 결과는 5씩 커짐을 알 수 있다. 따라서 $c=+5, d=+10, e=+15$이다.

$(+5) \times (+2) = +10$	$(-5) \times (+1) = -5$
$(+5) \times (+1) = +5$	$(\ 5) \times 0 - 0$
$(+5) \times 0 = 0$	$(-5) \times (-1) = c$
$(+5) \times (-1) = a$	$(-5) \times (-2) = d$
$(+5) \times (-2) = b$	$(-5) \times (-3) = e$

이를 통해 두 음수의 곱은 두 수의 절댓값의 곱에 양의 부호 $(+)$를 붙인 것과 같다는 것을 알 수 있다.

예전 사람들이 음수의 의미를 이해하기 어려웠던 것은 너무나도 당연한 일이었다. 위대한 수학자들도 음수의 존재를 거부했고 조롱했다. 스위스의 수학자 오일러는 빚을 갚는 것은 오히려 선물을 주는 것과 같다며 $-(-a) = a$를 빗대어 말하기도 했다. 어떤 수학자는 $2 - 3$과 같은 연산은 할 수 없다고 했고, -5의 제곱과 5의 제곱이 모두 25가 된다는 사실을 받아들이지 못했다.

우리는 음수와 음수를 곱하면 양수가 된다는 사실은 기계적으로 문제를 풀면서 익혔을 것이다. 음수의 계산뿐 아니라 학교에서 배우는 모든 수학은 수천 년 동안 수많은 수학자가 고심해 발견한 사실들이다. 이 개념들을 고민도 하지 않고 쉽게 받아들이는 것은 무척 어려운 일이다.

어떤 수학 개념을 처음 배울 때 잘 이해가 안 된다고 해서 너무 좌절하지 않아도 된다. 그것은 수많은 위대한 수학자도 함께 겪었던 길이다. 그리고 수학은 수학자들이 그 힘든 역경을 이겨 내고 진실에 다가갔기에 비로소 남길 수 있었던 유산이다.

키워드

#중1 과정   #중3 과정   #정수와 유리수   #방정식
#제곱근과 실수   #이차방정식   #음수   #일차방정식   #제곱근

A4 용지의 비밀

A4 용지는 복사용지의 표준으로 세계에서 가장 많이 쓰이는 종이 규격이다. 한국에서 사용하는 대부분의 사무용지도 A4 용지를 사용하고 있다. A4 용지의 가로와 세로의 길이는 각각 297mm와 210mm이다. 300mm와 200mm도 아니고 왜 이렇게 복잡한 치수로 종이를 만든 것일까?

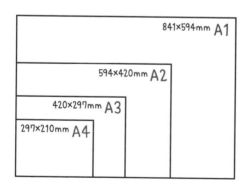

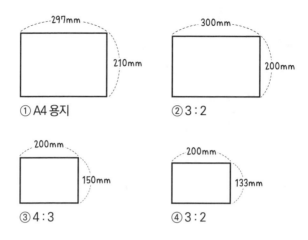

① A4 용지

② 3 : 2

③ 4 : 3

④ 3 : 2

 A4 용지를 많이 쓰긴 하지만 상황에 따라 A3, A5, B4 등 다양한 크기의 종이도 사용한다. 다양한 크기의 종이를 만들 때는 각각 따로 만드는 것이 아니라 큰 종이를 하나 만들고 나서 크기에 맞춰 자른 것이다.

 위의 그림과 같이 가로와 세로의 길이가 각각 300mm와 200mm인 ②번 종이가 있다고 하자. 이 종이는 A4 용지보다 폭이 좁고 더 긴 모양으로 가로와 세로의 길이 비가 3 : 2이다. 이것보다 작은 규격의 종이를 만들기 위해 이 종이를 정확하게 반으로 잘라보자. 가로와 세로의 길이가 각각 200mm와 150mm인 ③번 종이가 될 것이다. 이 종이는 가로와 세로의 길이 비가 4 : 3이기 때문에 3 : 2인 ②번 종이보다 더 뭉툭한 느낌을 준다.

②번 종이처럼 가로와 세로의 길이 비 $3:2$를 유지하기 위해서는 종이를 좀 더 잘라서 가로와 세로의 길이가 각각 200mm와 133mm인 ④번 종이를 만들어야 한다.

그러나 이러한 방법으로 종이를 만들면 길이 비를 맞추기 위해 종이를 한 번 더 잘라야 하고 이때 잘려나간 종이를 버려야 하므로 자원도 낭비하는 셈이다.

이제 수학 계산으로 번거로운 작업을 줄이고 종이 낭비도 막아보자. 어떤 종이의 세로와 가로의 길이 비가 $1:x\,(1 < x < 2)$라고 하자. 그러면 이 종이를 반으로 잘랐을 때 새로 만들어진 종이의 세로와 가로의 길이 비는 $\dfrac{x}{2}:1$이다. 이때, 종이의 세로와 가로의 길이 비가 유지되어야 종이의 낭비가 없다. 따라서 $1:x=\dfrac{x}{2}:1$이다.

이를 풀면 $\dfrac{x^2}{2}=1$ 즉, $x^2=2$를 만족해야 한다. 어떤 수를 제곱하여 양수 a가 될 때 이 수를 'a의 제곱근'이라고 한다. 이때 기호 $\sqrt{}$ (root)를 사용하면 양의 제곱근 $\sqrt{a}$와 음의 제곱근 $-\sqrt{a}$를 구할 수 있다. 따라서 이차방정식 $x^2=2$의 근은 $x=\sqrt{2}$ 또는 $x=-\sqrt{2}$이다. 이때, x는 양수이므로 $x=\sqrt{2}$이다.

따라서 A4 용지의 세로와 가로의 길이 비는 $1:\sqrt{2}$가 된다. $(1.414)^2$는 약 2로 $\sqrt{2}$를 소수로 나타내면 약 1.414이다. A4 용지의 세로 길이 210mm에 1.414를 곱해주면 가로 길이는 약 297mm이 된다.

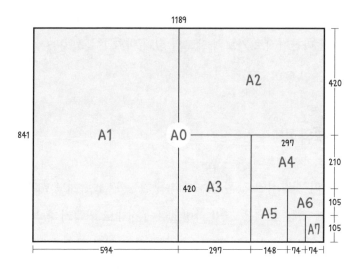

A판 종이 사이즈는 국제 표준화 기구가 설정한 표준 크기이다. 면적이 $1m^2$이고 세로와 가로의 길이 비가 $1 : \sqrt{2}$인 종이를 A0라고 한다. 계산을 통해 A0의 가로 길이는 1,189mm이고 세로 길이는 841mm이다. A0를 반씩 잘랐을 때 나오는 종이 규격을 차례대로 A1, A2…A10이라고 한다. A4는 A0를 네 번 잘라 만들 수 있는 종이 규격으로 A0의 가로와 세로 길이의 $\frac{1}{4}$배가 된다. 따라서 위의 그림과 같이 A4의 가로와 세로 길이는 각각 297mm, 210mm이다.

또 다른 국제 표준화 기구의 표준 크기로 B판이 있다. A판과 크기가 다른데 면적이 $1.5m^2$이고 가로와 세로의 길이 비가

1 : √2인 종이를 B0라고 한다. B판도 종이의 낭비를 막기 위해
A판과 마찬가지로 가로와 세로의 길이 비가 1 : √2이다.

✎ √2의 정체

√2의 실질적인 값은 언제부터 구했을까? 놀랍게도 √2를 구
하고자 하는 노력은 고대 바빌로니아 시대로 거슬러 올라간다.
미국 예일대학에는 √2를 분수의 합으로 표현된 점토판이 있다.

점토판에 기록된 문자를 현대적으로 해석해보면 1, 24, 51,
10이라는 것을 알 수 있다. 바빌로니아인들은 60진법을 사용
했기 때문에 이를 분수로 표현하면 $1 + \dfrac{24}{60} + \dfrac{51}{60^2} + \dfrac{10}{60^3}$이다.
이는 약 1.41421로 √2의 소수점 아래 다섯 자리까지 일치하는
값이다.

고대 바빌로니아의 점토판

방정식의 근을 구하
는 과정에서 음수인 근
이 자연스럽게 발생했
지만 수학자들은 의도
적으로 음수인 근을 배
제했다. 하지만 결국 수
학자들은 힘겹게 음수

를 받아들였다.

음수처럼 이러한 고초를 겪은 수가 하나 더 있으니 바로 '무리수'였다. 그리스 시대부터 수학자들은 수라는 것은 분수의 형태로 나타낼 수 있다고 생각했기 때문에 분수의 형태로 나타낼 수 없는 수는 존재하지 않는다고 믿었다. 원주율을 구하는 과정에서 보았듯이 원주율이 유리수가 아니라는 사실은 17세기가 되어서야 밝혀진 사실이다.

유리수는 $\frac{b}{a}$(a, b는 정수, $b \neq 0$)처럼 분수 꼴로 나타낼 수 있는 수를 의미한다. 무리수는 유리수가 아닌 수로, 분수 꼴로 나타낼 수 없으며 대표적인 무리수로는 π, $\sqrt{2}$ 등이 있다. 무리수와 유리수를 통틀어 '실수(real number)'라고 한다.

실수 $\begin{cases} \text{유리수 : 분수 꼴로 나타낼 수 있는 수} \\ \text{무리수 : 분수 꼴로 나타낼 수 없는 수} \end{cases}$

무리수는 오랜 시간 동안 수학자들의 곁을 맴돌았다. 피타고라스를 비롯한 그리스의 수학자들은 모든 수를 유리수라고 생각했다.

가로와 세로의 길이가 1인 직각이등변삼각형을 생각해보자. 피타고라스의 정리를 적용하면 $1^2 + 1^2 = 2$를 만족하므로 직각이등변삼각형 빗변의 길이는 제곱했을 때 $\sqrt{2}$가 되는 수가 나온다. 유리수에서 답을 찾을 수 없었던 피타고라스 학파는 이 문제에 대해 굉장히 고민했을 것이다.

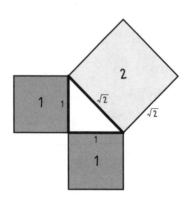

그렇다면 $\sqrt{2}$는 왜 유리수가 아닐까? 만약 $\sqrt{2}$가 유리수라면 어떤 일이 일어나는지 살펴보자.

$\sqrt{2}=\dfrac{b}{a}$라고 하자. 이때, $\dfrac{b}{a}$는 기약분수이다.

등식의 양쪽을 제곱하면 $2=\dfrac{b^2}{a^2}$이고, $2a^2=b^2$이다. b^2이 짝수이므로 b는 짝수이다.

b는 짝수이므로 $b=2c$로 표현할 수 있다.

$2a^2=b^2$에 $b=2c$를 대입하면 $2a^2=4c^2$이므로 $a^2=2c^2$이다. a^2이 짝수이므로 a는 짝수이다.

따라서 a와 b는 모두 짝수이다.

그러나 $\dfrac{b}{a}$를 기약분수라고 정했기 때문에 a와 b가 모두 짝수라는 결과는 말이 되지 않는다. 이렇게 말이 되지 않는 상황이 발생하는 이유는 바로 $\sqrt{2} \neq \dfrac{b}{a}$이기 때문이다. $\sqrt{2}$는 분수로 표현할 수 없으므로 $\sqrt{2}$는 유리수가 아닌 무리수이다.

✎ 이차방정식의 근의 공식

이차방정식의 근의 공식을 현대와 같이 완전히 정립한 사람은 12세기 인도의 수학자 바스카라였다. 그의 유명한 저서 중에는 《릴라바티(산술)》가 있다. 릴라바티는 '아름다운 사람'이라는 뜻으로, 결혼을 포기하고 자신의 제자가 된 딸의 이름이다.

릴라바티가 아버지의 제자가 된 사연은 다음과 같다.

아버지가 딸의 운명을 점치기 위해 커다란 대야에 물을 담고 바닥에 구멍이 뚫린 사발을 띄웠다. 사발이 물속에 가라앉으면 시집보내고, 가라앉지 않으면 딸에게 결혼 운이 없으니 시집을 보내지 않으려 했다.

마침 아버지를 찾아온 릴라바티가 자신의 미래를 점치고 있는 대야 속을 들여다보다가 그만 머리에 꽂고 있던 진주 장식이 사발에 빠지고 말았다. 진주 장식 때문에 구멍이 막힌 사발은 물속에 가라앉지 않고 계속 떠있었다. 그녀는 결혼을 할 수 없는 운명이었던 것이다.

바스카라는 딸을 가엽게 여겨 그녀를 자신의 제자로 삼았다. 그리고 딸에게 수학을 가르치기 위해《릴라바티》를 저술했다고 한다.

앞서 아라비아의 수학자 알콰리즈미가 도형의 넓이를 이용해 $x^2+10x=39$의 해를 구하는 과정을 보았다. 알콰리즈미의 이차 방정식을 푸는 방법과《릴라바티》에 나오는 근의 공식을 유도하는 과정을 비교하여 살펴보자.

$x^2+10x=39$

$ax^2+bx+c=0 \ (a \neq 0)$

x^2의 계수를 1로 만들기 위해 a로 나누면

$x^2+\dfrac{b}{a}x+\dfrac{c}{a}=0$이고, $\dfrac{c}{a}$를 이항하면

$x^2+\dfrac{b}{a}x=-\dfrac{c}{a}$이다.

$x^2=$ 과

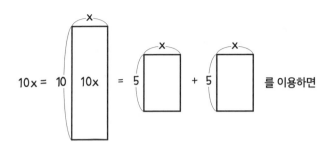

$$10x = 10 \boxed{10x} = 5 \boxed{} + 5 \boxed{} \quad \text{를 이용하면}$$

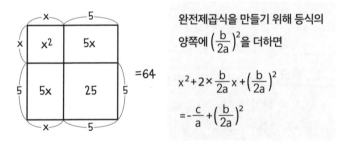

$$x^2 + 10x = \quad = 39$$

$\dfrac{b}{a}x = 2 \times \dfrac{b}{2a}$ 이므로

$$x^2 + 2 \times \frac{b}{2a}x = -\frac{c}{a}$$

완전제곱식을 만들기 위해 등식의
양쪽에 $\left(\dfrac{b}{2a}\right)^2$ 을 더하면

$$x^2 + 2 \times \frac{b}{2a}x + \left(\frac{b}{2a}\right)^2$$

$$= -\frac{c}{a} + \left(\frac{b}{2a}\right)^2$$

$$(x+5)^2 = 64$$

$$\left(x + \frac{b}{2a}\right)^2 = -\frac{c}{a} + \left(\frac{b}{2a}\right)^2 = \frac{b^2 - 4ac}{4a^2}$$

$x + 5 = 8$ 또는
$x + 5 = -8$

$$x + \frac{b}{2a} = \pm \frac{\sqrt{b^2 - 4ac}}{2a}$$

$x = 3$ 또는
$x = -13$

$$x = \frac{-b \pm \sqrt{b^2 - 4ac}}{2a}$$

이와 같은 과정으로 이차방정식 $ax^2 + bx + c = 0 \ (a \neq 0)$의 근 $x = \dfrac{-b \pm \sqrt{b^2 - 4ac}}{2a}$를 구할 수 있다. 이차방정식의 근의 공식은 이차방정식의 각 항의 계수만 알고 있으면 어떠한 이차방정식의 근도 구할 수 있는 엄청난 공식이다.

근의 공식이 아라비아를 거쳐 유럽에 소개된 후 유럽의 수학자들은 이번에는 삼차방정식을 풀기 위해 연구하기 시작했다. 또한 삼차방정식에도 근의 공식이 있지 않을까라는 기대를 갖기 시작했다.

그 당시 수학자들 사이에는 수학 시합이 유행했다. 두 명의 수학자가 같은 수의 문제를 정해진 기간 동안 누가 더 많이 푸는가를 겨루는 시합이었다. 이 시합에는 다음과 같은 문제가 있었다.

두 사람이 함께 100만 원을 벌었는데 첫 번째 사람은 두 번째 사람이 번 액수의 세제곱에 해당하는 수입을 올렸다. 이 두 사람은 각각 얼마를 벌었을까?

이 문제를 식으로 표현하면 $x^3 + x = 100$으로 삼차방정식의 해를 구하는 것이다. 수학 시합은 모두 30문제를 50일 안에 푸는 것이었다. 이때, 하루 만에 문제들을 정확하게 풀어 모든 수학 시합에서 연승을 한 수학자가 나타났는데 그가 바로 이탈리아의 수학자 타르탈리아였다. 타르탈리아란 이탈리아어로 '말더듬이'라는 뜻이다.

타르탈리아가 여섯 살이 되었을 때 그가 살던 마을에 프랑스군이 침입했다. 전쟁 중 구사일생으로 목숨을 건진 그는 군인들의 칼에 베여 얼굴에 상처가 생겼고 그로 인해 말을 더듬게 되었다. 전쟁 때문에 아버지까지 잃은 타르탈리아는 학비가 없어 학교에 다닐 수 없었고 책을 보며 혼자서 공부했다.

타르탈리아는 삼차방정식 푸는 방법을 발견했고 많은 사람이 그 방법을 알기 위해 그에게 몰려들었지만 그는 아무에게도 가르쳐주지 않았다. 음수를 처음으로 인정했던 이탈리아의 수학자 카르다노도 타르탈리아를 찾아온 사람 중 하나였다. 카르다노는 타르탈리아에게 재정적 지원을 해주며 환심을 샀고, 타르탈리아는 비밀을 유지하기로 약속한 채 삼차방정식을 푸는 힌트를 그에게 알려주었다. 카르다노는 타르탈리아가 알려준 힌트를 이용해 삼차방정식의 근의 공식을 구할 수 있었다.

하지만 카르다노는 비밀을 유지하겠다는 약속을 깨버리고 그의 저서 《위대한 계산법》이라는 책에 삼차방정식의 풀이 방법을 발표해버렸다. 약속을 어긴 카르다노에게 화가 난 타르탈리아는 그에게 수학 시합을 제안했다.

타르탈리아와 수학 시합을 한 사람은 카르다노의 제자 페라리였다. 하지만 타르탈리아는 페라리에게 패하고 말았다. 페라리는 카르다노의 하인이었지만 카르다노가 그의 수학적 재능을 알아보고 수학을 가르쳤다. 페라리는 삼차방정식의 근의 공식뿐 아니라 사차방정식의 근의 공식까지 발견했다. 그러나 카르다노와 페라리는 타르탈리아를 배신한 벌을 받은 것인지 말년이 아름답지 못했다. 카르다노의 큰아들은 자기 부인을 독살해 감옥에 수감되었고, 카르다노는 도박에 빠져 빚에 허덕이기도 했다.

점성술에 관심 있던 그는 종종 주변 사람들의 죽는 날을 예언했는데 그 예언이 종종 맞았다. 카르다노는 자신의 죽는 날도 예언했는데 그 또한 자신이 예언한 바로 그날 죽음을 맞이했다. 자신의 예언을 맞히기 위해 자살했다는 설도 있다. 페라리 또한 자신의 누이를 사랑했지만 그에게 독살당하는 비극적인 죽음을 맞이했다.

수의 체계로 도입된 무리수

무리수가 수로 인정받은 것은 16세기 말에 이르러서였다. 네덜란드의 수학자 스테빈이 소수를 발명한 것이 결정적 역할을 했다. 소수를 이용하면 모든 양을 수치화할 수 있기 때문에 분수로 나타낼 수 없었던 무리수도 소수로 나타낼 수 있었다.

유리수의 분자를 분모로 나누었을 때 소수로 표현하면 유한소수가 나오거나 순환소수가 나타나지만, 반면 무리수를 소수로 표현하면 0.1010010001…과 같이 순환하지 않는 무한소수가 나타난다는 것을 발견했다. 따라서 현재의 일반적인 무리수 개념이 확립되었다.

$$
\text{실수}\begin{cases} \text{유리수}\begin{cases} \text{유한소수} \\ \text{순환소수} \end{cases} \\ \text{무리수 = 순환하지 않는 무한소수} \end{cases}
$$

키워드

#중2 과정 #중3 과정 #유리수와 소수 #무리수
#제곱근과 실수 #이차방정식 #유한소수, 순환소수 #근의 공식

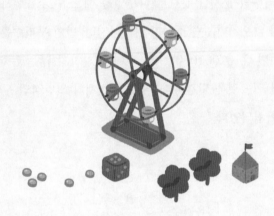

바다는 밀물과 썰물 때문에 하루에 두 번씩 주기적으로 해수면의 높이가 높아졌다 낮아졌다를 반복한다. 자연 현상 중에는 시간의 흐름에 따라 규칙적으로 변하는 것이 많으며 이러한 현상을 관찰해 규칙성을 찾고 그 규칙성을 연구하는 것은 여러 가지 변화를 설명하고 예측하는 데 반드시 필요한 일이었다. 시간의 흐름과 해수면 높이처럼 두 개의 변하는 값 사이의 관계를 나타내기 위해 함수의 개념이 필요했다. 함수 개념은 별의 움직임을 표로 기록하고 삼각법이 발전하면서 시작되었다.

3부
규칙의 발견, 함수

아라비아 사람들이 연구했던 삼각법을 비롯한 수학 연구가 유럽에 유입되자 유럽의 수학이 눈부시게 발전했다. 천체의 움직임을 기록하려고 시도하면서 수학자들은 물체의 움직임을 보며 규칙을 발견하고 이를 수학적으로 표현하려고 했다.

한편 기하학적 도형을 방정식으로 나타내거나 도형을 이용하여 방정식을 풀이하는 방법은 함수 그래프의 발달로 이어졌다. 그로 인해 과학 분야에서는 물체의 운동을 해석하는 방법이나 현상을 분석하는 방법에 많은 영향을 받았고, 수학은 과학 연구의 언어가 되었다.

배스킨라빈스 31 게임의 필승 전략

✎ 배스킨라빈스 31 게임

배스킨라빈스는 1945년에 설립된 미국의 대표적인 아이스크림 브랜드로, 서른한 가지의 다양한 아이스크림을 판매한다. 이 브랜드명은 아이스크림뿐 아니라 게임 이름이기도 하다. 배스킨라빈스 31 게임의 규칙은 다음과 같다.

1. 1부터 31까지의 숫자를 두 사람이 번갈아가며 차례대로 부른다.

2. 한 사람당 최소 한 개부터 최대 세 개까지 숫자를 연이어 말할 수 있다.

3. 마지막 31을 부르는 사람이 진다.

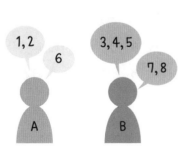

예를 들어 A와 B가 함께 게임을 하는데 A가 먼저 시작한다. 다음의 표처럼 게임이 진행되면 31을 말한 A가 지므로 B가 이긴다.

A	B	A	B	A	B	A	B	A	B	A	B	A	B	A
1	3	6	7	9	12	13	16	18	21	22	25	27	28	31
2	4		8	10		14	17	19		23	26		29	
	5			11		15		20		24			30	

이제 A가 복수전을 하려고 한다. A가 B를 이길 수 있는 전략은 무엇일까?

먼저 A가 이기기 위해서는 B가 31을 외쳐야 하므로 그전에 A가 30을 외쳐야 한다. 그렇다면 그전 차례에서 A가 어떤 숫자를 외쳐야만 다음 차례에 30을 무조건 부를 수 있을까? 그 숫자는 바로 26이다. 다음의 표처럼 A가 26을 마지막으로 부르면 B가 부를 수 있는 숫자는 27 혹은 27, 28 혹은 27, 28, 29이다. 그러면 A는 그다음 차례에 각각 28, 29, 30 혹은 29, 30 혹은 30을 부를 수 있으므로 A가 이긴다.

A	B	A	B
26	27	28, 29, 30	31
	27, 28	29, 30	
	27, 28, 29	30	

그렇다면 그 전에 어떤 숫자를 외치면 A가 무조건 26을 부를 수 있을까? 다음의 표와 같이 진행하면 마지막으로 외쳐야 하는 숫자는 22가 된다.

A	B	A
22	23	24, 25, 26
	23, 24	25, 26
	23, 24, 25	26

이와 같은 방식으로 생각하면 A가 불러야 하는 숫자는 30, 22, 18, 14, 10, 6, 2이다. 이 숫자들의 특징을 찾아보자. 4씩 줄어들고 있다. 이렇게 4씩 차이가 나는 숫자를 불러야 이길 수 있는 이유는 무엇일까?

한 차례당 한 사람이 최소 한 개부터 최대 세 개까지 숫자를 부를 수 있으므로 B가 몇 개의 숫자를 부르던지 A는 둘이 부른 숫자의 개수를 합쳐서 총 네 개의 숫자를 부르도록 조정할 수 있다. 따라서 A가 게임에 승리하기 위해서는 먼저 1, 2를 부르고 나서 자신의 차례에 6, 10, 14, 18, 22, 26을 부른 후 30을 마지막으로 외치면 된다.

게임에서 이기기 위해 자신의 차례가 n번째 돌아올 때 불러야 하는 수를 a_n이라고 한다면 $a_1=2$, $a_2=6$, $\cdots$, $a_8=30$이며 다음과 같이 표로 나타낼 수 있다.

차례	1번째	2번째	3번째	4번째	5번째	6번째	7번째	8번째
불러야 하는 수 a_n	2	6	10	14	18	22	26	30

이처럼 2, 6, 10, 14, 18, 22, 26, 30과 같이 수가 순서대로 나열된 것을 '수열'이라고 한다. 이 수열에서는 수들이 4씩 증가하는 규칙이 있으므로 n과 a_n에 대한 관계식 $a_n=4n-2$를 세울 수 있다. 또한 다음 수가 이전 수보다 4 차이가 나므로 $a_{n+1}=a_n+4$라는 식도 세울 수 있다.

수열은 함수이다. 함수란 하나의 값이 변함에 따라 다른 하나의 값이 하나씩 정해지는 두 값 사이의 대응 관계이다.

함수(函數)는 '상자 안의 계산'이라는 뜻으로, 다음의 그림처럼 하나의 값 x를 넣어주면 상자 안에서 변화를 겪고 y가 나온다는 의미를 담고 있으며, x에 대하여 하나의 y가 대응된다.

n과 a_n에 적용해보면 상자에 n을 넣었을 때 $a_n = 4n - 2$라는 변화를 겪고 a_n이 나오며 각 n에 대하여 a_n이 대응된다. 따라서 n과 a_n 사이에는 대응 관계가 있으므로 a_n은 n에 관한 함수이다. 함수는 n과 a_n에 대한 표나 $a_n = 4n - 2$와 같이 식으로 나타낼 수 있다.

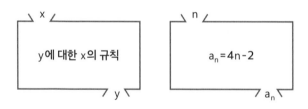

✎ 토끼의 증가와 피보나치수열

토끼는 번식력이 굉장히 강한 동물이다. 토끼의 번식에 대한 문제를 풀어보자.

아기 토끼 한 쌍이 있다. 아기 토끼들은 1개월이 지나면 어른 토끼가 된다. 한 쌍의 어른 토끼는 어른이 되고 나서 1개월 후부터 매월 아기 토끼 한 쌍을 낳는다. 1년 뒤 토끼는 모두 몇 쌍이 되겠는가? (단, 1년 동안 토끼는 죽지 않는다.)

다음 페이지의 그림은 시간이 지남에 따라 증가한 토끼의 쌍을 나타낸 것이다. 그림에서 나타나는 토끼의 수를 어른 토끼와 아기 토끼로 나누어 표로 정리했다. 1개월, 2개월, 3개월, 4개월이 지남에 따라 토끼의 수가 한 쌍, 두 쌍, 세 쌍, 다섯 쌍으로 늘고 있다.

5개월 후를 예상해보자. 4개월째의 두 쌍의 아기 토끼가 자라서 어른 토끼가 될 것이고, 4개월째의 어른 토끼 세 쌍은 그대로 어른 토끼이므로 5개월째의 어른 토끼는 총 다섯 쌍이다. 또한 4개월째의 어른 토끼가 1개월 후에 아기 토끼를 낳으므로 5개월째의 아기 토끼는 총 세 쌍이 된다. 따라서 5개월째의 어른 토끼와 아기 토끼는 모두 여덟 쌍이 된다. 5개월 후까지의 토끼의 수를 살펴보면 1, 1, 2, 3, 5, 8쌍이 된다.

1, 1, 2, 3, 5, 8

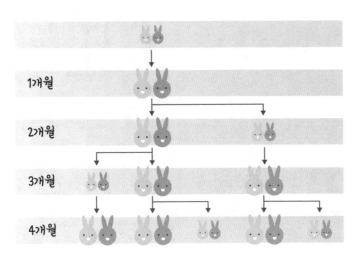

	어른 토끼	아기 토끼	모든 토끼
지금	0	1	1
1개월 후	1	0	1
2개월 후	1	1	2
3개월 후	2	1	3
4개월 후	3	2	5

 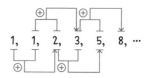

수열 1, 1, 2, 3, 5, 8…의 특징은 점점 증가하지만 배스킨라빈스 31의 전략처럼 일정한 수만큼 증가하지 않는다. 두 수의 차이를 보면 그 자신의 수열의 반복된다는 것을 알 수 있다.

또한 1+1=2, 1+2=3, 2+3=5, 3+5=8과 같이 바로 앞의 두 수를 더하면 다음 수가 된다. 이 성질을 따라 수를 나열하면 1, 1, 2, 3, 5, 8, 13, 21, 34, 55, 89, 144, 233…을 얻을 수 있다. 따라서 6개월 후 열세 쌍이 되고 7개월 후 스물한 쌍이 되며 1년 후에는 총 233쌍이 된다. 이 수열이 바로 이탈리아의 수학자 피보나치가 제시한 '피보나치수열'이다.

	어른 토끼	아기 토끼	모든 토끼
3개월 후	2	1	3
4개월 후	3	2	5
5개월 후	5	3	

피보나치수열과 토끼 문제와의 연관성을 더 탐구해보자. 토끼의 수는 어른 토끼와 아기 토끼를 모두 합한 값이다.

1) 어른 토끼의 수를 생각해보자. 지난달의 어른 토끼는 이번 달에도 어른 토끼이고, 지난달의 아기 토끼는 이번 달에 어른 토끼가 되므로 지난달의 토끼의 수가 바로 이번 달의 어른 토끼의 수이다. 따라서 표에서 회색으로 칠해진 영역의 토끼의 수는 같다.

2) 아기 토끼의 수를 생각해보자. 이번 달에 태어나는 아기 토끼는 이번 달에 아기를 낳을 수 있는 어른 토끼의 수와 같다. 이번 달에 어른이 된 토끼는 바로 아기 토끼를 낳지 못하지만, 지난달에 어른이 된 토끼는 이번 달에 모두 아기 토끼를 낳는다. 즉, 지난달의 어른 토끼의 수가 이번 달의 아기 토끼의 수인 것이다.

이때 1)에서 본 것과 같이 지난달의 어른 토끼 수는 2개월 전의 토끼 수와 같다. 따라서 표에서 연두색으로 칠해진 영역의 토끼 수는 같다.

	어른 토끼	아기 토끼	모든 토끼
2개월 전	b_{n-2}	c_{n-2}	a_{n-2}
지난달	b_{n-1}	c_{n-1}	a_{n-1}
n번째 달	b_n	c_n	a_n

결국 이번 달의 토끼 수는 지난달 토끼의 총 수와 두 달 전 토끼의 총 수의 합과 일치한다. n번째 달이 지난 후 어른 토끼가 b_n쌍, 아기 토끼가 c_n쌍, 모든 토끼가 a_n쌍이라고 하면 다음과 같은 식이 성립한다.

$$a_n = b_n + c_n \cdots (1)$$

n번째 달 어른 토끼의 수를 생각해보면 1개월 전 토끼의 총 수가 바로 이번 달 어른 토끼의 수이므로 다음과 같은 식이 성립한다.

$$b_n = a_{n-1} \cdots (2)$$

n번째 달에 새롭게 태어나는 아기 토끼의 수를 살펴보면 1개월 전에 어른이었던 토끼가 이번 달에 모두 아기 토끼를 낳으므로 1개월 전 어른 토끼의 수가 이번 달 아기 토끼의 수이다.

$$c_n = b_{n-1}$$

이때, 식 (2)에 의하여 1개월 전 어른 토끼의 수는 2개월 전 토끼의 총 수와 같다.

$$c_n = b_{n-1} = a_{n-2} \cdots (3)$$

따라서 식(1)에 식(2)와 식(3)을 대입하면 다음과 같이 a_n에 대한 관계식이 나온다.

$$a_n = a_{n-1} + a_{n-2}$$

수열 a_n은 $a_0 = 1$, $a_1 = 1$이고 $a_{n+2} = a_{n+1} + a_n$을 만족한다. 피보나치수열은 이외에도 다양한 성질이 있어서 당시 수학자들이 많이 연구한 주제였다.

피보나치가 수학 공부를 한 12세기에는 아라비아가 전 세계 학문의 중심지였다. 이탈리아의 도시 국가 피사, 베니스, 밀라노 등이 상업 도시로 발전하면서 이탈리아 상인들은 아라비아를 방문했고 그들은 아라비아의 지식을 전수받았다.

피보나치의 아버지 역시 피사의 상인으로 북부 아프리카 지역의 세관원으로 활동했다. 피보나치의 아버지는 아들을 이 지역으로 데려가 당시의 최신 수학과 지식을 배울 수 있는 기회를 주었다.

그는 아라비아의 많은 지역을 여행하며 학문적 지식을 쌓았다. 피사에 다시 돌아온 피보나치는 그동안 배웠던 것을 기록했고 그의 대표 저서 《산반서》를 완성했다. 계산에 관한 책인 《산

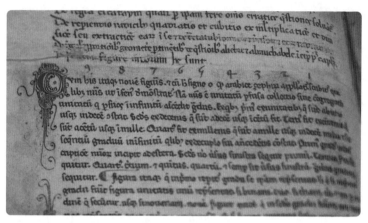

피보나치는 《산반서》에서 인도 숫자 1부터 0까지 소개했다.

반서》는 아라비아의 계산 방식과 방정식의 풀이 방법을 서양에 소개했으며, 특히 인도 숫자를 서양에 소개했다. 《산반서》에 소개되어있는 인도 숫자에 대한 내용은 다음과 같다.

인도인들의 숫자 아홉 개는 다음과 같다.
9 8 7 6 5 4 3 2 1
이 아홉 개의 숫자와 기호 0이 있으면 어떤 수든지 쓸 수 있다.

인도 숫자가 유행하기 전의 유럽 사람들은 로마 숫자를 가지고 고대 주판을 이용해 계산했다. 로마 교황청에서는 인도 숫자의 갑작스런 유입으로 사회적 혼란을 막기 위해 로마 숫자의 우수함을 내세우며 법으로 인도 숫자의 사용을 금하고 로마 숫자를 사용하도록 강요했지만 결국 편리함 때문에 14세기 이탈리아 상인들은 실용적인 인도 숫자를 사용하기 시작했다.

예를 들어 인도 숫자로 계산하면 $2342+2389=4731$인 반면 같은 계산이라도 로마 숫자로 계산하면 다음처럼 큰 부피를 차지할 뿐 아니라 각 단위별로 새로운 문자를 사용해야 해서 큰 숫자를 표현하고 계산하는 데 어려움이 있었다.

	MM	CCC	XL	II
+	MM	CCC	LXXX	IX
	MMMM	CCC CCC	LLXX	XI
=	MMMM	DCC	XXX	I

다음 페이지의 그림은 그레고르 라이쉬가 1504년에 그린 삽화인데, 로마의 주판 계산과 인도 숫자 계산의 대결을 그린 것이다. 주판을 이용해 계산하는 사람은 피타고라스인데 표정이 어둡다. 반면 인도 숫자를 사용하는 사람은 자신감에 차있는 것으로 보아 이 대결에서 누가 승리할지 결과가 보인다. 제 아무리 위대한 수학자 피타고라스라도 인도 숫자의 계산 속도를 이길

그레고르 라이쉬의 삽화

수는 없었다.

피보나치를 시작으로 인도 숫자는 점차 유럽 사회에 도입되었다. 인도 숫자의 사용으로 유럽의 도시뿐 아니라 대학과 학문이 발달했으며 유럽에서의 수학이 본격적으로 활성화되었다.

정사각형이
직사각형으로

 정사각형이 직사각형으로 변할 수 있을까?

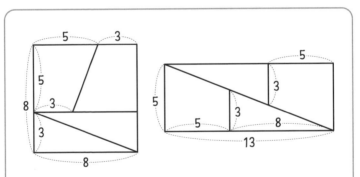

왼쪽 그림과 같이 한 변의 길이가 8인 정사각형을 직각삼각형 두 개와 사다리꼴 두 개로 잘랐다. 이 두 사각형을 다시 조립해 오른쪽 그림과 같은 직사각형을 만들자.

각 도형의 넓이를 구해보니 왼쪽 그림의 정사각형 넓이는 $8 \times 8 = 64$이고, 오른쪽 그림의 직사각형 넓이는 $5 \times 13 = 65$가 되어 넓이가 1이 늘어났다. 왜 넓이가 증가했을까?

도무지 믿을 수 없는 일이 일어났다. 우선 각 도형을 이루고 있는 조각을 비교해보자. 두 도형을 이루고 있는 두 개의 직각삼각형과 두 개의 사다리꼴이 서로 합동인 것을 확인할 수 있다. 각 도형을 이루는 각각의 조각이 서로 같으므로 오른쪽 도형의 넓이는 정사각형 넓이인 64가 되어야 한다. 하지만 직사각형의 넓이는 65이다.

그렇다면 직사각형에서 가로와 세로 길이가 13과 5인 직각삼각형을 자세히 살펴보자.

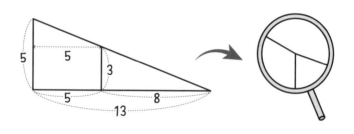

이것은 진짜 직각삼각형일까? 가로 길이가 13이고, 세로 길이가 5인 것은 의심할 여지가 없다. 그러면 빗변을 자세히 관찰해보자. 빗변을 돋보기로 확대해보면 직선이 아닌 것을 확인할 수 있다.

다음의 도형은 사다리꼴과 직각삼각형을 합체한 형태이다. 직각삼각형의 기울기와 사다리꼴의 기울어진 변의 기울기를 구하고 비교해보자.

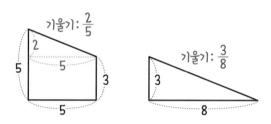

가로 길이가 8이고, 세로 길이가 3인 직각삼각형의 기울기는 $\frac{3}{8}$이다. 반면 사다리꼴의 기울어진 변은 가로 길이가 5이고, 세로 길이가 2인 직각삼각형의 기울기와 같으므로 $\frac{2}{5}$이다. 즉, 두 도형의 변의 기울기는 같지 않다.

사다리꼴의 기울어진 변의 기울기 $\frac{2}{5}$는 직각삼각형 빗변의 기울기 $\frac{3}{8}$보다 더 가파르다. 따라서 두 변이 서로 만나면 한 직선을 이루지 않는다.

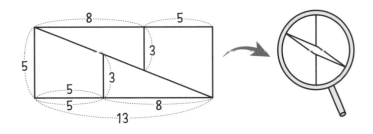

직사각형처럼 보였던 도형을 곁에서 볼 때는 가로 길이가 13이고 세로 길이가 5인 직사각형 같지만 안에 얇은 틈이 있다. 이 틈의 넓이가 바로 숨겨진 1이다. 따라서 정사각형과 새로 만 들어진 직사각형 모두 넓이가 64로 일치한다.

✏️ 낙하 운동에서의 시간, 속도, 거리의 관계

직선 모양의 그래프에서 직선이 얼마나 기울어져 있는가는 가로 길이의 변화량과 세로 길이의 변화량을 비교하면 된다. 직 선 모양의 그래프에서는 가로 길이가 변화함에 따라 세로 길이 도 변화하는데 그 비는 항상 일정하다. 이때 세로 길이의 변화량 을 가로 길이의 변화량으로 나눈 값을 '기울기'라고 한다.

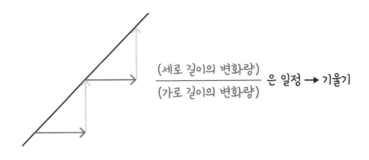

$$\frac{(\text{세로 길이의 변화량})}{(\text{가로 길이의 변화량})} \text{ 은 일정} \rightarrow \text{기울기}$$

그림과 같이 높은 곳에서 공을 떨어뜨리면 중력의 작용으로 물체의 속도는 1초당 9.8m/s씩 줄어든다. 이렇게 속도가 일정하게 변하는 운동을 '등가속도 운동'이라고 한다. 이탈리아의 과학자 갈릴레이는 등가속도 운동을 처음으로 분석했다.

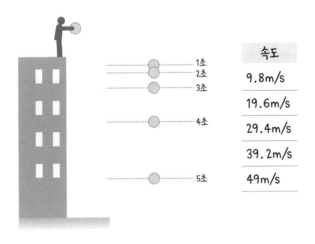

	속도
1초	9.8m/s
2초	19.6m/s
3초	29.4m/s
4초	39.2m/s
5초	49m/s

다음의 그림은 낙하 운동에 대하여 시간에 따른 속도의 변화를 나타낸 그래프로, 시간에 따라 속도가 일정하게 증가하는 직선 모양의 그래프이다.

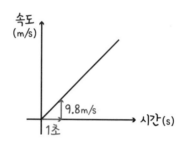

갈릴레이는 낙하 운동을 연구하면서 '비례'라는 단어를 사용했고, 낙하 운동에서 속도는 시간에 비례하여 증가하고 있다고 했다. 속도를 v, 시간을 t라고 할 때 속도가 1초마다 9.8m/s씩 증가하므로 시간과 속력에 대한 관계식은 $v=9.8t$로 구할 수 있다. 이때 t가 1배, 2배, 3배…가 됨에 따라 v도 1배, 2배, 3배… 가 된다. 이와 같은 관계를 t와 v는 '정비례'한다고 한다.

또한 갈릴레이는 경사면을 따라 어떤 물체가 내려갈 때도 등가속도 운동을 한다고 했다. 이때 물체가 움직인 거리는 그 거리까지 움직이는 데 걸린 시간의 제곱에 비례한다고 했다. 이를 그래프로 그리면 시간에 따라 빠르게 증가하는 곡선 그래프가 나온다.

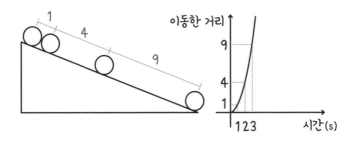

시간을 t, 움직인 거리를 s라고 할 때 식으로 표현하면 $s=t^2$이다. 어떤 물체가 위에서 아래로 떨어질 때 시간, 속도, 거리의 관계는 $v=at$, $s=bt^2$처럼 식으로 나타낼 수 있고 각각 직선과 곡선의 그래프로 표현할 수 있다.

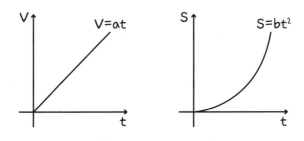

식과 그래프를 보면 속도는 시간에 대한 일차함수, 거리는 시간에 대한 이차함수라고 할 수 있으며 일차함수의 그래프는 직

선 모양이고, 이차함수의 그래프는 곡선 모양이다.

✎ 자연의 움직임을 수학으로 표현한 과학자들

> 자연이라는 위대한 책은 수학이라는 언어로 쓰여있다.
> ― 갈릴레이

함수는 자연의 움직임을 설명하기 위해 만들어진 개념이다. 자연의 복잡한 움직임을 표로 기록하고 그 속에서 규칙성을 찾았다. 그리고 식이나 그래프로 표현함으로써 자연의 움직임을 일반화했고, 이러한 연구들은 자연 현상을 예측하기도 했다.

16세기 초반 함수를 연구하던 수학자들은 다양한 자연 현상을 연구하면서 그 속에서 많은 함수를 찾았다. 수학이 자연의 질서를 이해하는 강력한 수단으로 역사의 전면에 새롭게 등장했다. 과학과 수학의 발전이 맞물려 돌아가면서 그 발전 속도가 더욱 빨라졌다.

과학자 아리스토텔레스는 물체를 높은 곳에서 떨어뜨리면 무거운 것이 가벼운 것보다 훨씬 빨리 떨어진다고 했다. 당시 과학자들은 아리스토텔레스의 과학관을 가지고 있었다. 그러나 이탈리아 피사에 있는 대학에서 수학 강사로 있었던 갈릴레이는 높은 곳에서 물체를 떨어뜨리면 무게와 관계없이 똑같이 떨어진다고 했다. 그

는 피사의 사탑에서 가벼운 공과 무거운 공을 떨어뜨리면 동시에 바닥에 도착할 것이라 예상하고 머릿속으로 실험을 했다.

갈릴레이의 주장으로 이전과 다른 새로운 과학 이론에 힘이 실렸다. 특히 이는 과학에서 물체의 운동에 대한 연구가 발전하는 데 계기가 되었다. 당시 과학의 목적은 이 운동의 수학적 규칙을 밝히는 것이었다. 이후 뉴턴은 움직임의 변화량을 연구했고 그 과정에서 미적분이 발명되었다.

키워드

#중1 과정 #그래프 #정비례

반복되는 그래프

✎ 우리 몸에서의 그래프

움직이지 않고 가만히 있더라도 사람의 몸은 계속 움직이고 있다. 숨을 들이마시고 내뱉고 심장은 계속 뛰어 사람의 몸에 피를 돌게 한다. 가만히 심장 박동 수를 느껴보면 일정한 속도로 심장이 뛰고 있는 것이 느껴진다. 이 심장 박동을 전기적 활동으로 해석한 것이 심전도 그래프이다. 드라마를 보면 환자가 호흡기를 끼고 누워있고 그 옆에는 환자의 심전도 그래프를 표시하는 기계가 있다.

심전도 그래프를 보면 같은 모양이 계속 반복되는 것을 볼 수 있다. 심장이 뛸 때마다 심장이 수축되었다가 이완되는데 심장이 한 번 뛸 때마다 다음과 같은 그래프가 나타난다.

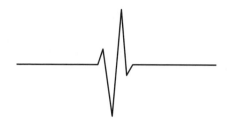

　건강한 성인은 심장 박동이 1분에 60~80회 정도 뛴다고 하니 심전도 그래프에서는 위와 같은 모양이 1분 동안 60~80번 정도 반복된다.

　심전도 그래프가 분당 60회 이하로 반복되면 심장 박동이 정상보다 느려진 것으로 판단한다. 심장 박동이 느려지면 혈액을 통해 온몸에 공급되던 산소량이 줄어 쉽게 피로하고 현기증이나 어지럼증이 나타난다. 반대로 그래프가 1분에 100회 이상으로 반복되면 심장이 너무 빨리 뛰는 것으로, 정상인이라면 과도한 운동을 하거나 흥분 상태 혹은 긴장 상태일 때지만 안정적인 상태임에도 심장이 빨리 뛴다면 가슴의 두근거림이 느껴지고 운동할 때는 호흡 곤란 증상을 느낄 수 있다. 이와 같이 심전도 그래프를 보면 우리 몸의 이상 상태를 파악할 수 있다.

　그래프는 자연 현상과 사회 현상을 더 깊게 이해할 수 있도록 도와주는 도구이다. 자연 현상이나 사회 현상을 관찰하고 그래프를 그릴 수 있다면 그 현상을 더 깊이 이해할 수 있으며 해석

정상

빈맥 (심장 박동이 빠른 경우)

서맥 (심장 박동이 느린 경우)

할 수 있다. 또한 그래프를 해석함으로써 현상의 인과 관계를 추론할 수 있고 미래에 대해서도 예측할 수 있다.

✎ 주기함수 그래프 만들기

어떤 함수의 그래프 모양이 일정 구간마다 되풀이될 때 이 함수를 '주기함수'라고 하며 그 일정 구간을 '주기'라고 한다. 심전도 그래프도 주기함수 그래프의 일종이다.

원통형의 과자와 종이, 칼만 있으면 가장 대표적인 주기함수 그래프를 직접 만들어볼 수 있다.

1. 원통형의 과자를 마치 김밥을 싸듯이 종이로 여러 겹 감싸준다.

2. 칼로 종이에 싼 원통형의 과자를 사선으로 자른다.

3. 잘린 종이를 펼쳐보자.

잘린 종이를 펼치면 물결무늬가 반복되는 주기함수의 그래프가 나온다. 이런 물결무늬를 그래프로 가지는 함수가 바로 '삼각함수'이다.

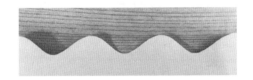

프랑스의 수학자 푸리에는 어떤 주기함수도 삼각함수의 합으로 표현할 수 있다고 했다. 즉, 어떤 주기함수의 그래프도 다양한 물결무늬 그래프를 합쳐서 나타낼 수 있다는 뜻이다. 여기서는 삼각함수에 대해 자세히 알아보고자 한다.

✎ 삼각비란

삼각함수를 언급하기 전 삼각비에 대해 알아보자. 삼각비란
삼각형 변들의 길이 비를 의미한다. 일반적으로 삼각비는 직각
삼각형에서 $\frac{(높이)}{(빗변)}$, $\frac{(밑변)}{(빗변)}$, $\frac{(높이)}{(밑변)}$의 길이 비를 의미하며 이
를 각각 sin, cos, tan 기호로 표시하고 사인, 코사인, 탄젠트라
고 부른다. 이때 직각삼각형의 밑변과 높이를 결정하는 것은 각
의 위치이다.

다음의 그림처럼 각A에 대하여 마주보는 변이 높이, 직각과
마주보는 변이 빗변, 그리고 나머지 변이 밑변이 된다. 따라서
각A에 대하여 삼각비를 다음과 같이 구할 수 있다.

각A $=30°$인 직각삼각형 ABC에서 삼각비를 구해보자.

$$\sin A = \frac{\overline{BC}}{\overline{AB}} = \frac{a}{c}$$

$$\cos A = \frac{\overline{AC}}{\overline{AB}} = \frac{b}{c}$$

$$\tan A = \frac{\overline{BC}}{\overline{AC}} = \frac{a}{b}$$

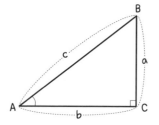

✎ 최초의 사인표를 작성한 히파르코스

삼각비 개념은 이름부터 생소하기 때문에 쉽게 받아들이기가 어렵다. 이 어려운 삼각비는 어디에서 유래했고, 왜 연구된 것일까?

함수의 필요성을 처음 느낀 것은 천체의 움직임을 기록하려고 시도하면서부터였다. 농경 사회에서 천체에 대한 연구는 필수였다. 천문학자들은 미래의 날씨를 예측하고 천체 운동의 규칙을 발견하기 위해 하늘을 관찰했다. 당시 천문학에서 하늘을 구로 보았고, 구 위에 있는 별들의 운동을 관찰하고 기록하고자 했다.

천체 운동을 길이로 측정하기 위해서는 원에서의 호의 길이나 현의 길이를 측정해야 했다. 원에서 호의 길이나 현의 길이를 결정하는 요소는 각이다. 따라서 각을 활용하여 길이를 잴 수 있는 방법인 삼각법(trigonometry)이 발달했다. 삼각법은 그리스어 '삼

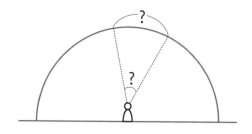

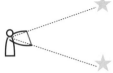

각(trigonon)'과 '측량(metron)'을 합친 단어이다.

별이 움직인 거리를 측정하려 했던 천문학자들은 많은 시행착오를 겪었다. 예를 들어 별과 별 사이의 간격을 눈으로 바라보며 두 팔을 벌려 측정한다면 키가 큰 사람과 키가 작은 사람의 두 팔의 폭은 서로 다를 수밖에 없다. 따라서 별의 움직임을 기록할 때마다 오차가 생긴다.

이를 극복하기 위해 사용한 방법이 '비'였다. 팔 사이의 각도가 같다면 키 큰 사람이 만든 삼각형과 키 작은 사람이 만든 삼각형은 닮음이다. 두 삼각형이 서로 닮음이면 두 삼각형의 변의 길이 비는 일정하다. 이를 발견한 사람은 바로 삼각비의 아버지 히파르코스이다.

천문학에서는 가장 먼저 별의 높이를 재는 값이 필요했는데 그 값이 바로 우리가 아는 사인(sin)이다. 그래서 역사적으로 삼각비 중 사인이 가장 먼저 발명되었다.

히파르코스는 반지름이 60인 원에서 $0.5°$씩 각을 변화시키며 각에 따른 현의 길이를 정리해 도표로 만들었다. 히파르코스의

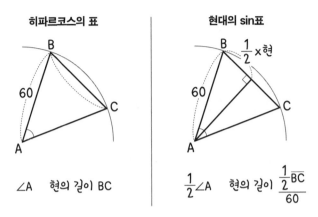

히파르코스의 표

B

60

C

A

∠A 현의 길이 BC

현대의 sin표

B $\frac{1}{2}$×현

60

C

A

$\frac{1}{2}$∠A 현의 길이 $\dfrac{\frac{1}{2}\overline{BC}}{60}$

표는 위의 그림처럼 반지름이 60인 원에서 각A에 대한 현의 길이 $\overline{BC}$를 계산한 것이다.

이를 현대의 사인표로 해석해보자. 현과 두 반지름으로 이등변삼각형을 만들 수 있다. 이를 반으로 자르면 오른쪽의 그림처럼 직각삼각형이 나온다. 여기에서 사인표는 $\frac{1}{2}$∠A에 대해 빗변의 길이 60과 반현의 길이 $\frac{1}{2}\overline{BC}$의 비로 구할 수 있다. 따라서 히파르코스의 표는 현대의 사인표와 원리가 같으므로 최초의 사인표라고 볼 수 있다.

히파르코스가 최초의 사인표를 완성했고, 4세기경 인도에서
도 반현표가 다루어졌다. 이는 현대의 사인표와 더 가까운 표였
다. 고대 인도의 수학자이자 천문학자였던 아리아바타가 지은
《아리아바티야》에서는 현의 반과 중심각의 반 사이의 대응 관
계에 대한 연구를 했다. 이 책은 인도에서 가장 오래된 수학에
관한 저술로 인정되고 있으며, 현대의 사인과 코사인에 대한 본
질적인 아이디어를 다루었다.

인도인들은 사인을 절반의 호라는 뜻을 지닌 '지아(jya)'라는
단어로 불렀다. 이 단어가 아라비아로 전파되어 별도의 뜻을 가
지지 않은 '지바(jiba)'라는 아랍어로 기록되었다. 아라비아의 수
학이 유럽에 전파되자 번역 과정에서 지바가 자이브(jaib)로 오
역되었고, 이 단어는 '주름 혹은 꼬불꼬불한 길'이라는 뜻이다.
그래서 주름을 뜻하는 라틴어인 '시누스(sinus)'로 변해 현재의
'sin(사인)'이 되었다.

tan(탄젠트)는 '접촉하다'라는 뜻을 지닌 라틴어 탄젠트
(tangent)에서 유래되었다. 탄젠트는 기하학에서 접촉하는 선
인 '접선'이라는 뜻도 있다. 코사인은 '콤플리멘터리 사인
(complementary sine)'의 줄임말로 '여각의 사인'이라는 뜻을 지
닌 라틴어 '코시누스(cosinus)'에서 유래했다. 코사인의 cos 기

호는 1729년 스위스의 수학자 오일러가 처음 사용했다.

8세기 후반부터 아라비아의 천문학자들은 고대 그리스와 인도의 삼각법을 이어받아 사인을 비롯한 코사인, 탄젠트를 연구했다. 또한 그 역수인 csc(코시컨트), sec(시컨트), cot(코탄젠트)도 연구해 총 여섯 가지 삼각비를 연구했다. 이들 관계를 연구해 여러 가지 삼각법의 공식을 발견했고 더 정밀한 사인표, 코사인표, 탄젠트표 등을 완성했다. 그 결과 오늘날의 삼각법이 완성되었다.

✎ 단위원에서의 삼각비의 특징

앞서 언급했듯이 삼각비의 아이디어는 하늘을 원으로 바라봄으로써 나타났다. 그렇다면 반지름의 길이가 1인 원에서 삼각비를 살펴보자. 그림에서 각A에 대하여 빗변 길이가 1인 직각삼각형ABC를 만들 수 있다. 이때 높이는 $\overline{BC}$이고, 밑변은 $\overline{AC}$이다.

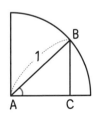

$$\sin A = \frac{\overline{BC}}{\overline{AB}} = \frac{\overline{BC}}{1} = \overline{BC}$$

사인은 빗변 길이가 1인 직각삼각형의 높이를 의미한다.

$$\cos A = \frac{\overline{BC}}{\overline{AB}} = \frac{\overline{AC}}{1} = \overline{AC}$$

코사인은 빗변 길이가 1인 직각삼각형의 밑변을 의미한다.

$$\tan A = \frac{\overline{BC}}{\overline{AC}} = \frac{\cos A}{\sin A}$$

탄젠트는 직각삼각형의 밑변 길이와 높이의 길이 비이므로, 사인과 코사인을 이용해 표현할 수 있다.

✎ 삼각함수의 그래프

앞서 삼각비가 반지름 길이 1인 원의 직각삼각형 변의 길이로 나타난다고 언급했다.

각A에 대하여 $\sin A = \frac{\overline{BC}}{\overline{AB}} = \overline{BC}$이고, $\cos A = \frac{\overline{BC}}{\overline{AB}} = \overline{AC}$이다. 이제 각A의 크기를 변화시켜보자. 각A가 커지면 $\overline{BC}$의 길이가 점점 길어지므로 sinA의 크기는 점점 커지고, $\overline{AC}$의 길이가 점점

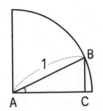 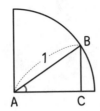 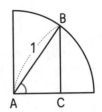

짧아지므로 cosA의 크기는 점점 작아진다.

즉, 각A가 커지면 sinA의 값은 커지고 cosA의 값은 작아진다. 각A$=0°$일 때 sinA$=0$, cosA$=1$임을 알 수 있고, 각A$=90°$일 때 sinA$=1$, cosA$=0$임을 알 수 있다.

각이 변함에 따라 삼각비의 값도 그에 대응되는 값을 가진다. 따라서 삼각비는 각에 대한 함수이고, 이를 '삼각함수'라고 한다.

이제 각A의 범위를 $360°$까지 확장해 삼각함수의 그래프를 그려보자. 중심각은 원을 따라 반시계 방향으로 빙글빙글 돌며 커진다. 이것은 놀이공원에 있는 대관람차의 움직임과 유사하다. 대관람차가 반시계 방향으로 움직일 때 대관람차 높이의 변화를 그래프로 표현해보자.

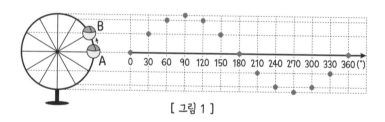

[그림 1]

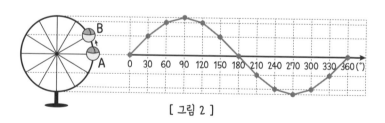

[그림 2]

대관람차가 한 바퀴 돌 때 [그림 1]과 같이 A의 높이가 움직인다. 대관람차는 연속적으로 움직이므로 [그림 2]와 같은 그래프가 나온다. 대관람차가 한 바퀴 돌 때마다 [그림 2]와 같은 그래프가 나오므로 계속 돌면 이 그래프가 반복될 것이다.

이때 대관람차 높이의 변화가 반지름 길이 1인 원에서의 사인 값의 변화와 같으므로 [그림 3]은 사인함수의 그래프이다. 사인함수는 주기가 360°인 주기함수이다.

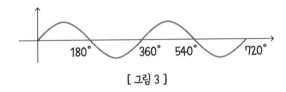

[그림 3]

그러면 대관람차가 반시계 방향으로 움직일 때 대관람차 축에서부터 거리의 변화를 그래프로 표현해보자.

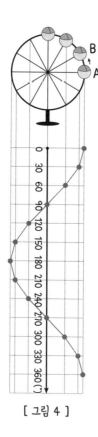

대관람차가 한 바퀴 돌 때 [그림 4] 와 같이 축에서부터 가로 길이가 변화한다.

이제 그래프를 돌려서 그래프의 가로 축을 '각도'로, 세로 축을 '대관람차의 축에서부터의 거리'로 두자. 대관람차의 움직임은 연속적이므로 [그림 5]와 같은 그래프가 나온다. 대관람차가 한 바퀴 돌 때마다 같은 그래프가 나오므로 계속 돌면 [그림 5]의 그래프가 반복될 것이다.

[그림 4]

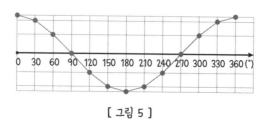

[그림 5]

이때 대관람차 축에서의 거리에 대한 움직임은 반지름 길이가 1인 원에서의 코사인 값의 변화와 같으므로 [그림 6]의 그래프는 코사인함수의 그래프이다. 코사인함수는 주기가 360°인 주기함수이다.

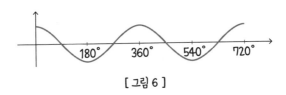

[그림 6]

사인함수와 코사인함수의 그래프를 함께 그리면 [그림 7]과 같고, 360°를 주기로 같은 모양이 반복되는 것을 확인할 수 있다.

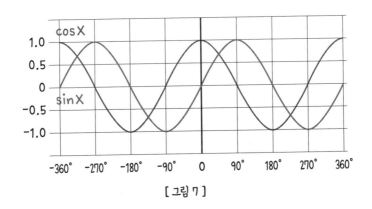

[그림 7]

삼각함수는 주기를 가지고 반복하는 모양의 그래프를 가지고 있기 때문에 모든 종류의 주기적 현상에 관한 연구에 필수적이다. 바이올린이나 피아노 등 악기의 소리도 주기함수의 그래프로 표현할 수 있다.

신디사이저가 수많은 악기의 음을 흉내 낼 수 있는 것은 이 주기함수를 삼각함수들의 적당한 합으로 분해할 수 있는 원리 덕분이다. 삼각함수의 이러한 발전은 진동 해석, 음향학 등 응용수학 분야에서 매우 중요한 역할을 했다.

키워드

중3 과정   # 고1 과정   # 삼각비   # 삼각함수   # sin, cos, tan
삼각함수 그래프

4부
과거와 미래의 연결, 확률과 통계

오래전부터 사람들은 동전 던지기, 주사위 굴리기 같은 우연의 현상에 기대어 점을 치거나 게임을 해왔다. 특히 게임에서 상금의 공정한 분배, 공정한 게임의 조건 등을 해결하기 위해 확률의 개념이 발달했다. 확률은 어떤 일이 일어날 가능성인 미래를 예측하는 개념으로 많은 수학자가 이를 이해하는 데 어려움을 겪었다.

인구 조사를 통해 군대 모집, 세금 징수 등 나라를 운영하는 데 통계가 필요했다. 통계에서 수많은 정보를 수집하고 자료를 수치화하는 과정은 어떤 현상을 파악하거나 인과 관계를 해석할 때 유용하게 쓰였다.

수학자 베르누이는 어떤 사건을 시행하는 횟수가 무한히 커지면 빈도수가 그 사건의 확률과 큰 차이가 없다는 것을 발견했다. 이를 계기로 과거를 기록하던 학문인 통계학이 미래를 예측하는 학문인 확률론과 결합했다.

복권으로 희망을 사다

📝 복권 당첨의 진실

매주 금요일 오후 7시. 로또 복권 1등을 많이 배출한 자칭 로또 명당에는 복권을 사려는 사람들로 북새통을 이룬다. 로또 복권 한 장의 가격은 1,000원이다. 토요일에 있을 당첨 방송에서 단돈 1,000원의 투자가 몇 억으로 돌아오길 바라며 사람들은 매주 희망을 산다.

복권에 당첨될 확률을 구해보자. 복권을 샀을 때 그 복권이 당첨될 확률은 '복권에 당첨된다, 당첨되지 않는다' 두 가지 경우가 있으므로 복권에 당첨될 확률은 50%이다. 이것은 맞는 말일까? 당연히 아니다. 복권에는 훨씬 더 많은 경우가 있다. 만약 확률이 50%라면 어떻게 내가 산 복권은 매번 당첨되지 않을 수 있겠는가. 이러한 흑백 논리는 모든 확률을 50%인 것처럼 보이게 한다.

만약 우리가 길을 가다가 우연히 마주친 사람과 생일을 비교한다고 하자. 그 사람이 나와 생일이 같을 확률은 365일 중 내 생일과 같은 날이 그 사람의 생일이어야 하므로 $\frac{1}{365}$이다. 하지만 흑백 논리에서는 모든 경우를 생일이 같을 경우와 생일이 다를 경우로만 보므로 생일이 같을 확률은 50%라고 생각한다. 우리는 가끔 이러한 논리를 펼쳐 상황을 낙관적으로 보기도 한다.

소개팅을 했을 때 상대방이 자신을 좋아하거나 좋아하지 않는 두 가지 경우가 있으므로 자신을 좋아할 확률이 50%이다. 하지만 슬프게도 소개팅의 성공률은 그렇게 높지 않다. 그렇다면 확률은 어떻게 구해야 정확하게 구할 수 있는지 알아보자.

✎ 확률의 개념

주사위를 던지거나 동전을 던지는 것처럼 반복할 수 있는 실험을 '사건'이라고 한다. 이때 사건이 일어나는 경우의 가짓수를 '경우의 수'라고 한다. 주사위를 던지면 1, 2, 3, 4, 5, 6이 나올 것이므로 경우의 수는 여섯 가지이고, 동전을 던지면 앞면(그림이 있는 면) 혹은 뒷면(숫자가 있는 면)이 나올 것이므로 경우의 수는 두 가지이다.

확률이란 일어나는 모든 경우의 수에 대한 특정 사건이 일어나는 경우의 수의 비율로, $\dfrac{(\text{특정 사건이 일어나는 경우의 수})}{(\text{모든 경우의 수})}$ 의 값이다. 예를 들어, 주사위 한 개와 동전 한 개를 동시에 던졌을 때 주사위의 눈이 홀수가 나오고 동전은 앞면이 나올 확률을 구한다고 하자.

일어날 수 있는 모든 경우를 표로 정리해보았다.

주사위 / 동전	1	2	3	4	5	6
앞면	1, 앞면	2, 앞면	3, 앞면	4, 앞면	5, 앞면	6, 앞면
뒷면	1, 뒷면	2, 뒷면	3, 뒷면	4, 뒷면	5, 뒷면	6, 뒷면

주사위 눈이 홀수가 나오고 동전이 앞면이 나오는 사건을 A라고 하자. 모든 경우의 수는 열두 가지이고, 이 중 사건 A가 일어나는 경우의 수는 세 가지이므로 확률은 $\dfrac{3}{12} = \dfrac{1}{4}$ 이다.

앞서 복권 당첨 확률을 구할 때의 논리는 '모든 경우는 사건 A(복권 당첨)가 일어날 경우와 사건 A가 일어나지 않는 경우가 있으므로 사건 A가 일어날 확률은 $\dfrac{1}{2}$'이라고 결론지은 것이다. 하지만 주사위와 동전 던지기에서 사건 A가 일어나는 경우의 수 세 가지와 사건 A가 일어나지 않는 경우의 수 아홉 가지를 합해 모든 경우의 수는 열두 가지가 된다.

사건 A가 일어나는 경우의 수와 사건 A가 일어나지 않는 경우의 수가 각각 다르므로 이 두 경우의 가능성은 서로 같지 않다. 경우를 정확하게 구하기 위해서는 각 경우의 가능성이 동일해야 한다.

복권이 당첨될 경우와 당첨되지 않을 경우의 가능성은 서로 같지 않다. 당첨되지 않을 가능성이 당첨될 가능성보다 무척 크다. 실제로 로또 복권에서 1등으로 당첨될 확률을 구해보면 $\dfrac{1}{8,145,060}$이다. 이 확률은 굉장히 작은 값이다.

아주 희박한 확률의 일을 뜻하는 '서울에서 김 서방 찾기'라는 옛 속담이 있다. 미국 뉴욕시의 인구가 800만 명 정도 된다고 한다. 복권에서 1등으로 당첨될 확률은 사람을 찾으러 뉴욕에서 무턱대고 갔을 때 우연히 마주친 첫 번째 사람이 내가 찾는 그 사람일 정도로 희박한 확률이다.

갈릴레이의 확률 문제

확률을 계산하는 데 어려움을 겪었던 것은 비단 우리뿐만이 아니다. 확률의 이론이 정립되지 않았던 17세기 이탈리아의 과학자 갈릴레이가 하나의 질문을 던졌다.

세 개의 주사위를 던졌을 때 눈의 합이 9가 되는 것은 (1,2,6), (1,3,5), (1,4,4), (2,2,5), (2,3,4), (3,3,3) 여섯 가지가 있다. 이와 마찬가지로 눈의 합이 10이 되는 것 역시 (1,3,6), (1,4,5), (2,2,6), (2,3,5), (2,4,4), (3,3,4) 여섯 가지이다. 그런데 실제로 주사위를 던져 보면 합이 9가 나오는 경우보다 10이 나오는 경우가 자주 일어난다. 왜 그럴까?

고대인들은 신의 계시를 받거나 주술적 종교 의식을 위해 주사위를 던지거나 항아리에서 구슬을 꺼내는 행위를 했다. 특히 주사위를 사용한 놀이는 수천 년 동안 사람들의 마음을 사로잡았다.

신라 시대의 목재 주령구

고대 문명의 발상지에서 출토되는 유물 중 동물의 발뒤꿈치 뼈나 도자기로 만든 주사위가 있었고, 신라 시대의 유물에서도 14면체의 주사위인 목재 주령구가 발견되었다.

주령구는 사람들이 술을 마시면서 명령을 내리는 도구로, 막춤 추기, 술 세 잔 내리마시기, 웃음 참기 등 벌칙이 적혀있다. 이는 오늘날 술자리 게임의 효시라고 볼 수 있다.

사람들은 주사위 게임으로 도박을 했다. 주사위는 우연을 통해서 결과가 나오기 때문에 공정한 내기를 하는 데 주로 쓰였다.

갈릴레이가 낸 문제 또한 내기에서 비롯된 것이었다. 두 사람이 세 개의 주사위를 던져 나오는 눈의 합이 9인 경우와 10인 경우 중에서 선택한 다음 각자 선택한 경우가 먼저 나오는 사람이 이기는 게임이 있다. 오랜 관찰을 토대로 도박사들은 10인 경우를 더 선호했다. 게임의 승리를 위해 수학자들은 이 상황을 분석해보았다.

세 개의 주사위를 던져 나오는 눈의 합이 9인 경우와 10인 경우의 확률은 같을까? 갈릴레이는 세 개의 주사위 눈이 나오는 경우의 수를 셀 때 주사위의 순서를 고려하지 않아 잘못된 경우의 수를 구했다. 빨간색, 파란색, 노란색 주사위 세 개를 던졌

다고 하자. 갈릴레이가 말한 주사위 눈의 합이 9인 경우 중 (1,2,6)이 나왔다는 것은 빨간색, 파란색, 노란색 주사위 순으로 (1,2,6), (1,6,2), (2,1,6), (2,6,1), (6,1,2), (6,2,1) 총 여섯 가지의 경우가 나온다.

다음의 표에 정리된 것처럼 세 개의 주사위를 던졌을 때 합이 9가 나오는 경우의 수는 스물다섯 가지가 있고, 합이 10이 나오는 경우의 수는 스물일곱 가지가 있기 때문에 합이 10이 나오는 경우가 더 유리하다. 세 개의 주사위를 던졌을 때 (1,3,6)처럼 세 개의 숫자가 모두 다를 때, (2,2,6)처럼 세 개의 숫자 중 두 개의 숫자만 같을 때, (3,3,3)처럼 세 개의 숫자가 모두 같을 때의

합	주사위의 순서를 고려한 경우 (빨간색 주사위, 파란색 주사위, 노란색 주사위)		경우의 수
9	(1,2,6)	(1,2,6), (1,6,2), (2,1,6), (2,6,1), (6,1,2), (6,2,1)	스물다섯 가지
	(1,3,5)	(1,3,5), (1,5,3), (3,1,5), (3,5,1), (5,1,3), (5,3,1)	
	(1,4,4)	(1,4,4), (4,1,4), (4,4,1)	
	(2,2,5)	(2,2,5), (2,5,2), (5,2,2)	
	(2,3,4)	(2,3,4), (2,4,3), (3,2,4), (3,4,2), (4,2,3), (4,3,2)	
	(3,3,3)	(3,3,3)	
10	(1,3,6)	(1,3,6), (1,6,3), (3,1,6), (3,6,1), (6,1,3), (6,3,1)	스물일곱 가지
	(1,4,5)	(1,4,5), (1,5,4), (4,1,5), (4,5,1), (5,1,4), (5,4,1)	
	(2,2,6)	(2,2,6), (2,6,2), (6,2,2)	
	(2,3,5)	(2,3,5), (2,5,3), (3,2,5), (3,5,2), (5,2,3), (5,3,2)	
	(2,4,4)	(2,4,4), (4,2,4), (4,4,2)	
	(3,3,4)	(3,3,4), (3,4,3), (4,3,3)	

경우의 수가 각각 여섯 가지, 세 가지, 한 가지로 세 가지 경우가 나타날 가능성이 다르다.

이 문제를 해결하는 데 핵심인 아이디어는 동등한 가능성을 가진 경우들로 나눠 경우의 수를 정확하게 세는 것이었다.

✎ 복권과 기댓값

복권의 기댓값은 복권에 당첨될 확률과 당첨됐을 때의 이득을 서로 곱한 것으로, 복권 한 장당 기댓값은 약 600원이다. 우리가 복권 한 장을 살 때 지불하는 1,000원 중 400원은 복권 기금에서 가져가 장학금, 복권 인쇄비 등으로 사용한다. 하지만 기댓값이 600원이라고 해서 100만 원 정도의 복권을 샀을 때 60만 원을 다시 돌려받는다는 뜻은 아니다. 복권의 모든 경우의 수 814만 5,060장을 사면 약 8억 원 정도가 드는데, 이때 8억 원의 60%인 5억 원을 당첨금으로 받을 수 있다는 뜻이다. 따라서 3억이 손해이다.

수학적으로 계산을 해봤을 때 복권을 사서 이득을 절대 얻을 수 없는 구조이다. 하지만 사람들이 복권을 사는 이유는 심리적 이유가 크다.

심리학자이자 경제학자인 대니얼 카너먼과 아모스 트버스키는 투자에 나타난 사람들의 심리적 패턴을 찾아냈다. 그들의 연구에서는 몇 가지 질문을 던진다.

다음의 상황이 주어졌을 때 어느 것을 선택할 것인가?

수입의 문제

① 180만 원 수입 보장 ② 95% 확률로 200만 원 수입 가능

수학적으로 기댓값이 높은 선택지는 ②번이다. 하지만 대부분 ①번을 선택한다고 한다. 10만 원을 더 벌려고 빈손으로 일어날 것으로 감수하느니 차라리 보장된 돈 180만 원만 받는 것이 더 낫다고 생각한다.

손해의 문제
① 180만 원 손해 확실 ② 95% 확률로 200만 원 손해 가능

이 문제에서도 수학적으로 기댓값이 높은 선택지는 ①번이다. 하지만 이번에는 대부분 ②번을 선택한다고 한다. 대부분의 사람이 180만 원의 손실을 보는 쪽에 별로 매력을 느끼지 못한다. 차라리 손실 없이 빠져나갈 수 있는 기회를 얻는 대가로 약간의 추가 손실을 감수하는 것이 더 낫다고 생각한다.

위험을 수반하는 선택지 사이에서 사람은 어떠한 의사 결정을 내리는지에 관한 연구 이론을 '전망 이론(Prospect theory)'이라고 한다. 이득을 얻는 문제에 대해 사람들은 위험 회피 성향을 나타내서 확실하게 보장된 이득을 선호하지만 손해에 대해서는 위험 추구 성향을 보인다. 나쁜 결과를 피할 기회를 얻기 위해 일종의 도박을 한다는 것이다.

여기에 또 다른 문제가 있다. 다음의 상황이 주어졌을 때 어느

것을 선택할 것인가?

당신은 100만 원을 받았다.
① 추가로 50만 원 수입 보장   ② 50%의 확률로 100만 원 수입 가능

당신은 200만 원을 받았다.
① 그중 50만 원 손실   ② 50%의 확률로 100만 원 손실 가능

두 질문은 질문 방식이 다르지만 사실 똑같은 선택지를 제공한다. ①번의 경우에는 150만 원 수입을 보장하고 ②번의 경우에는 50%의 확률로 100만 원이거나 50%의 확률로 200만 원을 얻을 수 있다. 하지만 사람들의 반응은 문제에 따라 다르다. 100만 원을 받은 경우에는 확정된 수입을 보장받기 위해 ①번을 선택하는 반면 200만 원을 받은 경우에는 200만 원이 이미 자신의 것이라는 생각에 그것을 잃고 싶어 하지 않는다. 따라서 기꺼이 위험을 감수하고 자신의 돈을 잃지 않기 위해 ②번을 선택한다고 한다.

이러한 연구는 복권 구매자의 심리 상태에 대해 암시한다. 재정적으로 암울한 상황에서는 하루하루가 손실로 느껴질 것이다.

이때 복권을 더 사려고 한다.

축구 경기에서도 비슷한 경우를 볼 수 있다. 1점 차로 지고 있을 때 경기 종료 1분 전 골키퍼까지 공격에 가담하는 경우가 바로 그것이다. 사실 이러한 방법은 더 큰 점수 차로 질 가능성이 높아지지만 위기에서 벗어나고 싶은 마음에 내리는 선택이다.

500원짜리 복권 두 장이 있다. 두 장 중 어느 복권을 살 것인가?

① 당첨금 5,000만 원, 확률 $\dfrac{1}{100,000}$　② 당첨금 50억, $\dfrac{1}{10,000,000}$

사실 기댓값은 모두 500원으로 같다. 그러나 사람들의 마음은 확률이 더 희박하더라도 초대박을 노릴 수 있는 쪽을 선호할 것이다. $\dfrac{1}{100,000}$ 이나 $\dfrac{1}{10,000,000}$ 이나 확률이 희박하기 때문에 확률의 차가 선택에 영향을 미치지 않는다.

복권을 사는 것은 꿈과 희망을 사는 걸지도 모른다. 설사 이루어지지 않는다는 것을 알지라도.

키워드

중2 과정　# 확률　# 사건, 경우의 수, 확률

A형 아빠와 B형 엄마
그리고 O형 딸

✎ 혈액형 속 확률

A형의 아빠와 B형의 엄마가 만나 O형의 자녀를 낳을 수 있을
까? 혈액형을 표현하는 방법 중 대표적인 ABO식 혈액형에서는
유전자형 A, B, O 중 두 개를 선택해 혈액형이 결정된다. 혈액형
의 유전자형은 총 여섯 가지 경우로 AA, AO, AB, BB, BO, OO
가 있다.

혈액형이 나타내는 유전자형의 힘은 A = B 〉 O로 A 유전자
형과 O 유전자형이 함께 있을 때는 A 유전자형의 힘이 더 강하
므로 A형이 되고, A 유전자형과 B 유전자형이 함께 있으면 둘의
힘이 같으므로 AB형이 된다. 따라서 혈액형별로 유전자형을 정
리하면 다음과 같다.

혈액형	유전자형
A형	AO, AA
B형	BO, BB
O형	OO
AB형	AB

자녀의 혈액형은 아버지의 유전자형 두 개 중 한 개와 어머니의 유전자형 두 개 중 한 개가 만나 결정된다. 예를 들어 아버지의 유전자형이 AO, 어머니의 유전자형이 BO일 때 다음의 표와 같이 자녀의 유전자형이 나올 수 있다.

어머니의 유전자형 BO		아버지의 유전자형 AO	
		A	O
	B	AB	BO
	O	AO	OO

이때 자녀의 유전자형은 AB, AO, BO, OO가 나오므로 자녀의 혈액형으로 AB형, A형, B형, O형이 모두 나올 수 있다. 따라

서 이 부부가 AB형, A형, B형, O형인 자녀를 낳을 확률은 각각 $\frac{1}{4}$이다.

또 다른 예로 아버지의 유전자형이 AB이고, 엄마의 유전자형이 BO일 때 이 부부가 O형인 자녀를 낳을 확률을 구해보자.

다음과 같이 자녀의 유전자형이 AB, AO, BB, BO가 나올 수 있으므로 자녀의 혈액형은 AB형, A형, B형이 나올 수 있다.

		아버지의 유전자형 AB	
		A	B
어머니의 유전자형 BO	B	AB	BB
	O	AO	BO

따라서 이 부부가 B형인 자녀를 낳을 확률은 $\frac{2}{4} = \frac{1}{2}$이고, A형과 AB형인 자녀를 낳을 확률은 각각 $\frac{1}{4}$, $\frac{1}{4}$이다. 자녀의 혈액형이 O형이려면 아버지의 유전자형 O와 어머니의 유전자형 O가 서로 만나 자녀의 유전자형이 OO로 결정되어야 한다. 그러나 이 부부의 경우 아버지의 유전자형에 O가 없으므로 O형인 자녀를 낳을 수 있는 확률은 0이다.

자녀의 유전자형의 경우와 그에 따른 경우의 수를 알 수 있는 또 다른 방법은 다항식의 곱셈을 이용하는 것이다.

아버지의 유전자형이 AO, 어머니의 유전자형이 BO일 때 그에 대응하는 다항식 A+O와 B+O를 만든다. 자녀의 유전자형은 이 두 다항식의 곱셈을 전개한 결과로 얻어진다.

$(A+O)(B+O)=AB+AO+OB+OO$고, 이때 OB=BO로 생각하면 자녀에게 나올 수 있는 유전자형은 AB, AO, BO, OO를 얻을 수 있다.

또한 아버지의 유전자형이 AA이고, 엄마의 유전자형이 BO일 때 $(A+A)(B+O)=2AB+2AO$로 자녀에게 나올 수 있는 유전자형은 AB와 AO이다.

이때 전개식에서 각 항의 계수는 각 유전자형이 나올 경우의 수를 의미한다. 따라서 전체 경우의 수 중 자녀의 유전자형이 AB인 경우의 수는 두 가지이고, AO인 경우의 수도 두 가지이다.

🖉 파스칼의 삼각형

앞서 자녀의 유전자형의 경우의 수를 셀 때 다항식 곱셈에서 각 항의 계수와 연관시킬 수 있다고 했다. 뿐만 아니라 경우의 수와 다항식 곱셈의 관련성은 '파스칼의 삼각형'에서 발견할 수

있다. 파스칼의 삼각형은 프랑스의 수학자 파스칼의 이름에서
비롯되었다.

1단계 : 첫 번째 줄에 1을 두 개 쓴다. 1 1

2단계 : 두 번째 줄에는 세 개의 숫자를 쓰는데, 양 끝에 각각 1을 써두고
가운데 숫자는 윗줄의 두 수 1을 더한 2를 쓴다. 1 2 1

3단계 : 세 번째 줄에는 네 개의 숫자를 쓰는데, 양 끝에 각각 1을 써두고,
남은 두 자리에 윗줄의 두 수를 더한 값을 쓴다. 윗줄에 1과 2가 있
으므로 1과 2의 합인 3과 윗줄에 2와 1이 있으므로 2와 1의 합인
3을 차례로 쓴다. 1 3 3 1

4단계 : n번째 줄에는 n+1개의 숫자를 쓰는데, 양 끝에 각각 1을 써두고,
남은 n-1 자리에 윗줄의 두 수를 더한 값을 쓴다. 이를 계속 반복
하면 다음과 같은 파스칼의 삼각형을 완성할 수 있다.

	1단계		2단계			3단계	
1	1	1	1	1	1		
		1	2	1	1	2	1
					1	3	3	1

10단계

```
                    1     1
                 1     2     1
              1     3     3     1
           1     4     6     4     1
        1     5    10    10     5     1
     1     6    15    20    15     6     1
  1     7    21    35    35    21     7     1
1     8    28    56    70    56    28     8     1
1     9    36    84   126   126    84    36     9     1
1    10    45   120   210   252   210   120    45    10     1
```


파스칼은 수학자로 잘 알려져 있지만 그의 꿈은 사실 신학자였다. 몸이 허약해서 학교에 다니지 못하고 줄곧 집에서 지낸 파스칼은 어렸을 때부터 수학에 비상한 재주를 보였다. '파스칼의 삼각형'을 발견했을 때 그의 나이는 고작 열세 살에 불과했다. 파스칼은 열여섯 살에 프랑스 수학자들과 함께 이야기를 나눌 수 있었고, 열여덟 살에는 회계사인 아버지를 위해 덧셈, 뺄셈이 가능한 최초의 계산기를 만들었다. 특히 파스칼은 페르마를 비롯한 많은 수학자와 편지를 교환하며 확률에 대한 이론을 정립했다.

그러나 파스칼은 신학을 공부하기 위해 돌연 수학 연구를 그만두고 만다. 30대에 극심한 치통과 두통에 시달리던 그는 이 통증을 잊고자 사이클로이드를 연구했고, 마흔 살의 나이로 생을 마감했다. 비록 수학을 연구한 시기가 길지 않았지만 그가 발견한 수학적 사실들은 수학의 발전에 크게 기여했다.

✎ 동전 던지기와 파스칼의 삼각형

동전을 던졌을 때를 살펴보자. 동전 하나를 던지면 동전의 앞면이 나오거나 뒷면이 나올 것이다. 이번에는 동전 두 개를 던져보자. 동전의 앞면이 두 번 나오거나 앞면 한 번과 뒷면 한 번이 나오거나 뒷면만 두 번 나올 수 있다.

경우의 수를 각각 구하기 위해 모든 경우를 나열하면 (앞,앞), (앞,뒤), (뒤,앞), (뒤,뒤)이므로 경우의 수는 각각 1, 2, 1가지이다. 동전을 여러 개 던져서 앞면이 나오는 개수로 경우를 나누어 경우의 수를 각각 구하면 다음의 표와 같다.

이때 나오는 각각의 경우의 수 나열이 동전 한 개를 던진 경우 파스칼의 삼각형의 첫 번째 줄과 대응되고, 동전 두 개를 던진 경우 두 번째 줄과 대응되며, 동전 세 개를 던진 경우 세 번째 줄과 대응된다. 따라서 동전 n개 던진 경우는 파스칼의 삼각형 n번째 줄과 대응된다.

동전 개수	앞면이 나온 동전의 개수	경우	경우의 수	경우의 수 나열
1개	1개	앞	한 가지	1,1
	0개	뒤	한 가지	
2개	2개	(앞,앞)	한 가지	1,2,1
	1개	(앞,뒤), (뒤,앞)	두 가지	
	0개	(뒤,뒤)	한 가지	
3개	3개	(앞,앞,앞)	한 가지	1,3,3,1
	2개	(앞,앞,뒤), (앞,뒤,앞), (뒤,앞,앞)	세 가지	
	1개	(앞,뒤,뒤), (뒤,앞,뒤), (뒤,뒤,앞)	세 가지	
	0개	(뒤,뒤,뒤)	한 가지	
4개	4개	(앞,앞,앞,앞)	한 가지	1,4,6,4,1
	3개	(앞,앞,앞,뒤), (앞,앞,뒤,앞), (앞,뒤,앞,앞), (뒤,앞,앞,앞)	네 가지	
	2개	(앞,앞,뒤,뒤), (앞,뒤,앞,뒤), (뒤,앞,앞,뒤), (앞,뒤,뒤,앞), (뒤,앞,뒤,앞), (뒤,뒤,앞,앞)	여섯 가지	
	1개	(앞,뒤,뒤,뒤), (뒤,앞,뒤,뒤), (뒤,뒤,앞,뒤), (뒤,뒤,뒤,앞)	네 가지	
	0개	(뒤,뒤,뒤,뒤)	한 가지	

✎ 다항식의 전개와 파스칼의 삼각형

동전을 던지는 상황을 다항식의 전개를 통해 살펴보자. 동전을 던졌을 때 동전의 앞면이 나오는 경우를 x, 동전의 뒷면이 나오는 경우를 y라고 하면 동전을 한 번 던졌을 때는 $x+y$로 표현할 수 있다. 이때 다항식의 계수를 나열하면 1, 1이다.

동전을 두 번 던졌을 때는 $(x+y)^2$으로 표현할 수 있으며, 식을 전개하면 $(x+y)^2 = x^2 + 2xy + y^2$이 된다. x^2은 앞면이 두 번 나오는 경우, xy는 앞면 한 번과 뒷면 한 번이 나오는 경우, y^2은 뒷면이 두 번 나오는 경우를 의미한다. 이때 다항식에서의 각 항의 계수는 각각 앞에서부터 1, 2, 1이다.

$(x+y)^n$을 전개할 때 직접 전개하지 않더라도 경우의 수를 이용해 각 항의 계수를 구할 수 있다. 예를 들어 $(x+y)^3$을 전개할 때 x^3의 계수를 구해보자. $(x+y)^3 = (x+y)(x+y)(x+y)$이므로 첫 번째 $(x+y)$에서 x, 두 번째 $(x+y)$에서 x, 세 번째 $(x+y)$에서 x를 선택하여 세 개의 x를 곱하면 x^3이 나온다. 따라서 x^3이 나올 경우의 수는 총 한 가지이며, x^3의 계수도 1이다.

이번에는 $(x+y)^3$을 전개할 때 x^2y의 계수를 구해보자. 세 개의 $(x+y)$의 곱에서 두 개의 x를 선택하고 한 개의 y를 선택하면 다음의 그림처럼 세 가지 경우가 나오므로 x^2y의 계수는 3이다.

$$(x+y)\ (x+y)\ (x+y)$$
$$(x+y)\ (x+y)\ (x+y)$$
$$(x+y)\ (x+y)\ (x+y)$$

이와 같은 방식으로 xy^2이 나오는 경우의 수는 세 가지이므로 계수가 3이고, y^3이 나오는 경우의 수는 한 가지이므로 계수가 1이다.

다음의 표는 이러한 방법으로 다항식 $(x+y)^n$을 전개했을 때 나타난 각 항의 계수를 정리한 표이다.

다항식	전개	계수
$(x+y)^1$	$x+y$	1,1
$(x+y)^2$	$x^2+2xy+y^2$	1,2,1
$(x+y)^3$	$x^3+3x^2y+3xy^2+y^3$	1,3,3,1
$(x+y)^4$	$x^4+4x^3y+6x^2y^2+4xy^3+y^4$	1,4,6,4,1

계수의 나열이 $(x+y)^1$일 때 파스칼의 삼각형 첫 번째 줄과 대응되고, $(x+y)^2$일 때 두 번째 줄과 대응되며, $(x+y)^3$일 때 세 번째 줄과 대응된다. $(x+y)^n$을 전개했을 때 각 항의 계수를

차례대로 나열하면 파스칼의 삼각형 n번째 줄과 대응된다. 따라서 동전을 n개 던졌을 때 앞면이 나오는 개수에 따른 경우의 수와 $(x+y)^n$을 전개했을 때 나오는 각 항의 계수, 파스칼의 삼각형에서의 n번째 줄의 수의 나열은 서로 일치한다.

파스칼의 삼각형은 많은 성질을 가지고 있다. 예를 들어, 두 번째 줄의 2와 1의 합은 세 번째 줄의 3과 같다.

$$1 \quad 2 \quad 1$$
$$1 \quad 3 \quad 3 \quad 1$$

또 다른 예로 세 번째 줄의 1과 3의 합은 네 번째 줄의 4와 같다.

$$1 \quad 3 \quad 3 \quad 1$$
$$1 \quad 4 \quad 6 \quad 4 \quad 1$$

이와 같이 파스칼의 삼각형에서는 항상 아랫줄의 숫자가 바로 윗줄의 두 수의 합과 같다.

앞서 $(x+y)^n$의 각 항의 계수가 파스칼의 삼각형 각 행의 수의 나열과 일치한다는 것을 확인했다. 그렇다면 파스칼의 삼각형에서 아랫줄의 숫자가 윗줄의 두 수의 합과 같다는 것은 다항식의 곱에서 어떻게 해석되는 것일까?

$$1 \quad ②\quad ①$$
$$1 \quad 3 \quad ③\quad 1$$

'두 번째 줄의 2와 1의 합은 세 번째 줄의 3과 같다.'를 다항식의 전개 측면에서 해석해보자. 이를 다항식의 계수로 해석하면 $(x+y)^2$을 전개하여 얻은 xy항의 계수와 y^2항의 계수의 합이 $(x+y)^3$을 전개하여 얻은 xy^2항의 계수와 같다는 뜻이다. $(x+y)^3$은 $(x+y)(x+y)^2$이므로 $x(x+y)^2+y(x+y)^2$이다. 다음과 같이 $(x+y)^3$에서 xy^2항의 계수는 $(x+y)^2$에서 y^2항의 계수와 xy항의 계수의 합과 같다.

$$(x+y)^3 \;=\; x(x+y)^2 \;+\; y(x+y)^2$$

$$(x^2y의\ 계수) \;=\; (y^2의\ 계수) \;+\; (xy의\ 계수)$$

따라서 $(x+y)^2$을 전개하여 얻은 xy항의 계수와 y^2항의 계수의 합이 $(x+y)^3$을 전개하여 얻은 xy^2항의 계수와 같다.

$$
\begin{array}{ccccc}
① & ③ & 3 & 1 & \\
1 & ④ & 6 & 4 & 1
\end{array}
$$

또 다른 예시인 '세 번째 줄의 1과 3의 합은 네 번째 줄의 4와 같다'를 다항식의 계수 측면에서 해석해보자. 이를 다항식의 계수로 해석하면 $(x+y)^3$을 전개하여 얻은 x^3과 x^2y 계수의 합이 $(x+y)^4$을 전개하여 얻은 x^3y의 계수와 같다는 뜻이다. $(x+y)^4$은 $(x+y)(x+y)^3$이므로 $x(x+y)^3+y(x+y)^3$이다.

다음과 같이 $x(x+y)^3+y(x+y)^3$에서 x^3y항의 계수는 $(x+y)^3$에서 x^2y항의 계수와 x^3항의 계수의 합과 같다.

$$(x+y)^4 \quad = \quad x(x+y)^3 \quad + \quad y(x+y)^3$$

$$(x^3y \text{의 계수}) \quad = \quad (x^2y \text{의 계수}) \quad + \quad (x^3 \text{의 계수})$$

따라서 $(x+y)^3$을 전개하여 얻은 x^3항의 계수와 x^2y항의 계수의 합이 $(x+y)^4$을 전개하여 얻은 x^3y항의 계수와 같다.

파스칼의 삼각형은 다항식의 전개식과 경우의 수에 대한 많은 정보를 담고 있다. 예를 들어, $(x+y)^n$에 $x=1$, $y=1$을 대입하면 $(1+1)^n = 2^n$이다. 반면 $(x+y)^n$의 전개식에서 $x=1$, $y=1$을 대입하면 모든 항의 계수의 합이 나온다.

따라서 $(x+y)^n$의 전개식에서 모든 항의 계수의 합은 2^n이다. 따라서 파스칼의 삼각형 n번째 줄의 각 숫자의 합도 2^n이 된다.

이외에도 파스칼의 삼각형은 많은 수학자에게 영감을 주었다. 파스칼의 삼각형은 경우의 수와 다항식의 전개를 연결했고 나중에는 확률과 통계를 잇는 다리 역할을 했다.

키워드

중2 과정   # 확률   # 파스칼의 삼각형

수학자들도 어려워하는
확률 문제

✎ 복불복 게임의 확률

예능 프로그램에서 많이 하는 복불복 게임은 오직 운으로만 벌칙자가 정해진다.

복불복 게임 중 하나를 소개하겠다. 식혜 여섯 잔이 있는데 세 잔은 맛있는 식혜이고 세 잔은 소금 식혜이다. 여섯 명이 차례대로 식혜 하나를 선택하여 먹을 때 먼저 선택하는 것이 유리할까? 나중에 선택하는 것이 유리할까? 매도 먼저 맞는 것이 좋다고 먼저 선택하는 것이 유리하다고 생각하는 사람도 있을 것이고, 앞 사람들이 먼저 소금 식혜를 먹으면 남는 것이 맛있는 식혜이니까 나중에 선택하는 것이 유리하다고 생각하는 사람들도 있을 것이다.

첫 번째로 식혜를 선택하는 사람 A와 두 번째로 식혜를 선택하는 사람 B가 맛있는 식혜를 먹을 확률을 각각 계산해보자. A는 총 여섯 잔 중 세 잔의 맛있는 식혜 중 한 잔을 고르면 되므로 $\frac{3}{6} = \frac{1}{2}$이다. B는 A가 먼저 고른 후 남은 다섯 잔 중 맛있는 식혜를 고르면 된다. 그러면 맛있는 식혜는 몇 잔 남아있을까? 그것은 A가 무엇을 골랐느냐에 따라 다르다. A가 맛있는 식혜를 골랐으면 남은 맛있는 식혜는 다섯 잔 중 두 잔이고, A가 소금 식혜를 골랐으면 맛있는 식혜는 다섯 잔 중 세 잔이다.

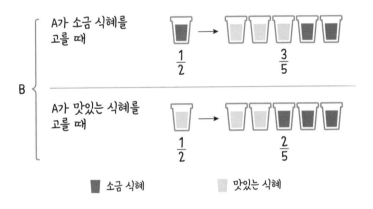

B가 맛있는 식혜를 고를 확률은 $\frac{1}{2} \times \frac{2}{5} + \frac{1}{2} \times \frac{3}{5} = \frac{1}{2}$이 된다. 즉, 복불복 게임에서 첫 번째든 두 번째든 순서에 상관없이 맛있는 식혜를 선택할 확률은 $\frac{1}{2}$로 같다.

그렇다면 세 번째 순서의 사람이 맛있는 식혜를 선택할 확률은 얼마일까?

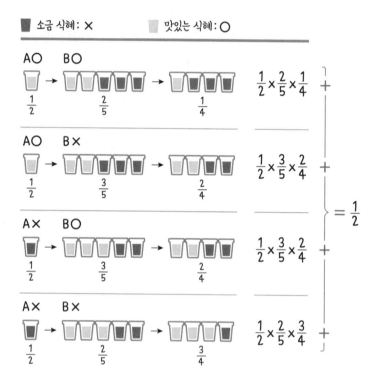

이와 같은 방식으로 모든 순서의 사람들이 맛있는 식혜를 먹을 확률을 계산하면 순서에 상관없이 확률은 $\frac{1}{2}$로 같다.

게임이나 경기 중 누가 더 유리할까? 얼마나 더 유리할까? 어떻게 해야 더 유리해질까? 등의 문제는 확률에서 떼려야 뗄 수 없는 문제이다. 확률은 아직 일어나지 않은 미래에 대한 가능성을 수학적으로 표현한 것이다. 하지만 이길 확률이 높다고 해서 게임에서 항상 이기는 것이 아니고, 이길 확률이 낮다고 해서 게임에서 항상 지는 것도 아니다. 확률의 개념을 수학자들이 처음 접했을 때 그들도 굉장히 혼란스러워했다.

✎ 돈을 공정하게 배분하기

체스 실력이 비슷한 A와 B가 3만 원씩 걸고 내기 체스를 두고 있다. 세 판을 먼저 이기는 사람이 상금으로 6만 원을 가져가기로 했다. 그러나 중간에 게임을 더 이상 진행하기 어렵게 되었다. A가 두 판을 이기고, B가 한 판을 이겼을 때 게임이 중단됐다면 상금은 어떻게 분배해야 할까?

① A가 두 판을 이기고, B가 한 판을 이겼으므로 상금을 2 : 1로 배분하여 A에게 4만 원, B에게 2만 원을 준다.
② 게임이 성립되지 않았으므로 A와 B에게 3만 원씩 다시 돌려준다.
③ A가 이기고 있으니 A가 이길 거라고 예상해 6만 원을 A에게 준다.
④ 상금을 3 : 1로 배분하여 A에게 4만 5,000원, B에게 1만 5,000원을 준다.

이 문제는 1654년 파스칼이 친구인 드 메레에게 받은 편지의 내용이다. 당시 이 문제를 두고 많은 수학자가 도전했고 다양한 답변이 나왔다.

①의 방법은 이탈리아의 수학자 파치올리 답변과 같다. 많은 사람이 이 방법을 가장 많이 선택했을 것이다. 그러나 A와 B가 101점 내기의 게임을 하다가 100 : 50으로 게임이 중단된 경우 그래도 상금을 2 : 1로 분배해야 하는가? A는 한 판만 더 이기면 게임에서 승리하고 B는 51판이나 더 이겨야 게임에 승리할 수 있다. 수학자 타르탈리아는 이 답변에 의문을 품고 문제 자체를 풀 수 없는 문제라고 했다.

②의 방법도 합리적이라고 생각할 수 있다. 게임의 전제가 세 판을 먼저 이겨야 하는데 누구도 승리 조건을 충족하지 않았다. 야구에서는 비가 많이 와서 경기가 취소되는 경우 어느 팀이 이기고 있던지 상관없이 재경기를 한다. 하지만 이 게임은 그런 규칙을 미리 정하지는 않았다. 만약 101점 내기의 게임에서 A와 B가 100 : 0인 상황에서도 게임을 무효화하는 것이 과연 A와 B에게 공정한 것인가에 대해 의문이 생기기도 한다.

③의 방법은 다소 과격하다. 이 방법은 2 : 1이 아니라 1 : 0인 상황에서도 A가 이기고 있으니 미래에도 A가 이길 것 같다고 하는 것과 같다. 하지만 모든 게임에서는 역전이 가능하므로 B가 이길 가능성을 배제할 수는 없다.

따라서 현재의 결과를 염두에 두고 만약 게임을 지속한다면 미래에 A가 이길 가능성과 B가 이길 가능성을 계산하여 돈을 분배하면 된다. 이와 같이 생각한 페르마가 파스칼에게 보낸 방법이 바로 ④번이었다.

게임을 계속한다고 생각해보자. A가 다음 판을 이기거나 졌다 하더라도 그 다음 판을 이기면 A는 승리한다. 따라서 A가 이길 확률은 $\frac{1}{2} + \frac{1}{2} \times \frac{1}{2} = \frac{3}{4}$이다. 한편 A가 두 판 모두 진다면 B가 승리한다. 따라서 B가 이길 확률은 $\frac{1}{2} \times \frac{1}{2} = \frac{1}{4}$이다.

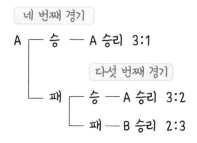

그러므로 상금 6만 원을 3 : 1로 분배하여 A가 4만 5,000원, B가 1만 5,000원을 가져가면 공정하다는 것이다.

페르마의 풀이가 적힌 편지를 읽고 나서 파스칼은 다항식을 이용하여 이 문제를 풀이했다. A가 2점, B가 1점 득점한 경우 승패를 가리기 위해 치러야 하는 게임은 최대 두 번이다.

$(A+B)^2 = A^2 + 2AB + B^2$에서 A^2과 $2AB$는 A의 승리를, B^2은 B의 승리를 의미한다. 따라서 A와 B가 승리할 때의 계수 합은 각각 3과 1이므로 상금을 3 : 1로 배분하면 된다는 결론을 내렸다.

여러분이 보기에도 이 방법이 완벽한가? 그렇다면 먼저 100번을 이긴 사람이 상금을 모두 가지기로 했는데 A가 99번, B가 98번 이긴 상태에서 게임이 중단됐다면 상금을 어떻게 나누어 갖는 것이 가장 공정할까?

페르마의 방식을 적용해보면 이 경우에도 마찬가지로 A가 나머지 두 판 중 한 판만 이기면 되고, B는 두 판 다 이겨야 하므로 이길 확률은 각각 $\frac{3}{4}$과 $\frac{1}{4}$이다. 따라서 3 : 1로 상금을 배분하면 된다.

물론 99 : 98로 상금을 분배하는 것이 더 공정하지 않을까라는 의심을 가질 수 있다. 필자도 어떤 특정한 상황에서 확률로 계산하는 것만이 항상 공정한 것일까라는 의심을 한다. 그러므로 분쟁을 피하기 위해서는 게임 전 여러 상황에 대비해 미리 규칙을 정해놓고 하는 것이 좋다.

🖊 드 메레의 질문

파스칼의 친구인 드 메레는 도박을 하면서 여러 문제 상황에 대해 파스칼에서 질문했다. 그는 주사위 한 개를 네 번 던질 때 6의 눈이 적어도 한 번은 나온다는 데 돈을 걸었다. 드 메레는 경험을 통해 진 경우보다 이긴 경우가 더 많다는 사실을 알고 있었다. 주사위 한 개를 네 번 던질 때 6의 눈이 적어도 한 번 나오는 것이 정말 유리할까?

주사위 한 개를 네 번 던질 때 6의 눈이 적어도 한 번 나오는 사건의 반대는 주사위 한 개를 네 번 던질 때 6의 눈이 한 번도 나오지 않는 것이다. 따라서 다음과 같이 사건의 확률을 구하고 비교해보면 된다.

| 주사위 한 개를 네 번 던질 때 6의 눈이 적어도 한 번 나온다. | | 주사위 한 개를 네 번 던질 때 6의 눈이 한 번도 나오지 않는다. |

주사위 한 개를 네 번 던질 때 6이 적어도 한 번 나올 확률을 계산하기 위해서는 그 반대 상황에 대한 확률을 구한 다음 생각하는 것이 편하다. 어떤 사건이 일어날 확률을 p라고 할 때 어떤 사건이 일어나지 않을 확률은 1 − p이다.

주사위 한 개를 네 번 던졌을 때 6이 한 번도 나오지 않을 확률을 먼저 구해보자. 주사위 한 개를 던질 때마다 6이 나오지 않을 확률은 $\frac{5}{6}$이므로 주사위 한 개를 네 번 던졌을 때 6이 한 번도 나오지 않을 확률은 $\left(\frac{5}{6}\right)^4$, 약 48.2%이다. 그렇다면 반대로 주사위 한 개를 네 번 던졌을 때 6이 적어도 한 번 나올 확률을 계산하면 $1 - \left(\frac{5}{6}\right)^4$, 약 51.8%임을 알 수 있다.

주사위 한 개를 네 번 던질 때 6의 눈이 적어도 한 번 나온다. 51.8%		주사위 한 개를 네 번 던질 때 6의 눈이 한 번도 나오지 않는다. 48.2%

따라서 드 메레의 선택은 확률적으로도 옳았다.

이 문제에서 이득을 본 드 메레는 비슷한 문제로 내기를 했다. 그는 주사위 두 개를 동시에 스물네 번 던질 때 두 주사위 모두 6의 눈이 되는 경우가 스물네 번 중 적어도 한 번은 있다는 데 돈을 걸었다. 그러자 드 메레는 점점 돈을 잃기 시작했다. 이에 절친 파스칼에게 이 내기를 분석해달라고 부탁했다.

<table>
<tr><td>주사위 두 개를 스물네 번 던질 때 (6,6)의 눈이 적어도 한 번 나온다.</td><td></td><td>주사위 두 개를 스물네 번 던질 때 (6,6)의 눈이 한 번도 나오지 않는다.</td></tr>
</table>

두 개의 주사위를 던질 경우 모두 서른여섯 가지의 경우가 나온다. 따라서 주사위 두 개를 동시에 던질 때 주사위 모두 6의 눈이 될 확률은 $\frac{1}{36}$이다. 주사위 두 개를 동시에 던질 때 주사위 모두 6의 눈이 되는 경우가 스물네 번 중 한 번이라도 나오는 확률을 계산하기 위해 반대의 상황을 생각해보자.

주사위 두 개를 던져서 (6,6)이 나오지 않을 확률은 $\frac{1}{36}$이다. 주사위 두 개를 스물네 번 던져서 (6,6)이 한 번도 나오지 않을 확률은 $\left(\frac{35}{36}\right)^{24}$이고, 이를 계산하면 약 50.9%였다. 따라서 드메레가 이길 확률은 $1 - \left(\frac{35}{36}\right)^{24}$으로 49.1%이다.

<table>
<tr><td>주사위 두 개를 스물네 번 던질 때 (6,6)의 눈이 적어도 한 번 나온다.
49.1%</td><td> <</td><td>주사위 두 개를 스물네 번 던질 때 (6,6)의 눈이 한 번도 나오지 않는다.
50.9%</td></tr>
</table>

따라서 이 게임을 계속할 경우 확률적으로 드 메레가 돈을 잃을 수밖에 없었다. 파스칼은 이러한 도박과 내기에 대한 문제를 해결하는 과정에서 확률에 대한 학문적 기틀을 마련했다. 이후 스위스의 수학자 베르누이, 프랑스의 수학자 라플라스 등 여러 수학자의 노력으로 확률 이론이 발전했다.

키워드

중2 과정   # 확률   # 확률의 계산

모나코의
부의 비밀

✎ 몬테카를로 카지노

모나코는 유럽에 있는 작은 도시 국가로 바티칸 시국에 이어 두 번째로 영토가 좁은 나라이다. 서울의 압구정동 정도의 크기이지만 1인당 소득 금액이 세계에서 제일 높다. 모나코는 세금을 걷지 않아 수많은 부자가 이곳에 모여 살고 있기 때문이다. 그래서 모나코에 가보면 수많은 슈퍼카와 명품 가게를 흔하게 볼 수 있다.

모나코가 세금을 걷지 않고도 나라를 운영할 수 있는 이유는 바로 관광과 카지노 산업 덕분이었다. 지금은 다른 산업도 커졌지만 1990년대까지만 해도 카지노 산업이 모나코 국가 재정의 90% 이상을 책임지기도 했다. 모나코에 있는 카지노 중 가장 유명한 곳이 바로 몬테카를로 카지노이다.

카지노의 대표 게임인 룰렛은 0부터 36까지 숫자가 적힌 회전판에 공을 떨어뜨려 그 공이 어디에서 멈추는지 맞히는 게임이다. 0을 제외한 서른여섯 개의 숫자는 빨간색과 검은색으로 각각 표시되어있어서 배팅할 때는 색깔이 빨간색이 나올지, 검정색이 나올지, 홀수가 나올지, 짝수가 나올지, 18 이하가 나올지, 19 이상이 나올지 등 다양한 방식으로 배팅할 수 있다. 단, 만약 0이 나온다면 카지노가 이기게 되므로 게임의 참여자보다 카지노의 승률이 약간 더 높다. 예를 들어 빨간색에 배팅한다면 카지노에서 이길 확률은 $\frac{18}{37}$로, 약 49%이다. 또한 검은색에 배팅한다고 해도 마찬가지로 약 49%의 확률이다.

1913년 몬테카를로 카지노의 룰렛 게임에서 기록적인 사건이 벌어졌다. 스무 번 연속으로 검은색 숫자에 공이 떨어진 것이다. 스무 번 연속으로 검은색 숫자에 공이 떨어질 확률은 백만분의 일도 채 되지 않으며 검은색 숫자에 공이 떨어질 확률이 $\frac{1}{2}$이라고 생각한다면 동전을 던졌을 때 앞면이 스무 번 연속으로 나온 것과 비슷하다.

도박사들은 스물한 번째에는 빨간색 숫자에 공이 떨어질 것이라고 생각해서 많은 돈을 빨간색 숫자에 배팅했다. 결론은 도박사들의 패배였다. 스물한 번째에도 검은색 숫자에 공이 떨어졌다. 스물두 번째 룰렛에는 더 많은 도박사가 더 많은 돈을 빨간색 숫자에 배팅했다. 그들은 이제 빨간색 숫자가 나올 가능성이 더 높다고 생각했다. 그러나 스물두 번째에도 도박사들의 패배로 검은색 숫자에 공이 떨어졌다.

자, 이제 스물세 번째 차례이다. 여러분들이 도박사라면 검은색 숫자에 베팅할 것인가? 빨간색 숫자에 베팅할 것인가? 둘 중 하나를 선택했다면 그 이유는 무엇인가?

혹자는 검은색의 숫자가 연속해서 스물두 번이나 나왔으니 이제 빨간색 숫자가 나올 확률이 더 높다고 생각할 것이다. 또는 검은색의 숫자가 연속해서 스물두 번이나 나왔으니 스물세 번째도 검은색 숫자가 나올 것이라고 예상할 수도 있다. 어쩌면 카지노가 도박사들을 상대로 사기를 치기 위해서 검은색 숫자에만 공이 떨어지도록 조작한 것일 수도 있으므로 베팅 금액에 따라 결과가 바뀔 수도 있다.

그날의 결과는 스물세 번째뿐 아니라 스물네 번째, 스물다섯 번째까지도 검은색 숫자가 연달아 나왔다. 빨간색 숫자에 계속 베팅했던 수많은 도박사는 엄청난 손해를 입었다.

동전을 던질 때마다 앞면이 나올지, 뒷면이 나올지 예상할 수 없다. 앞면과 뒷면이 나올 확률이 $\frac{1}{2}$로 같기 때문이다. 앞선 실험에서 앞면이 얼마나 많이 나왔는지는 다음 실험에 전혀 영향을 미치지 않는다. 동전을 던질 때마다 새롭게 확률이 계산된다.

스무 번째까지 연속으로 검은색 숫자가 나왔더라도 스물한 번째는 빨간색 숫자가 나올 확률이 더 클 것이라는 생각은 잘못됐다. 이렇게 확률이 과거에 영향을 받을 것이라는 잘못된 생각을 '몬테카를로의 오류' 혹은 '도박사의 오류'라고 한다.

옛날에는 딸을 계속 낳은 어떤 부부가 '이번에는 아들이겠지'라고 기대하며 아기를 낳았는데 또 딸을 낳아 딸 부잣집이 되는 경우가 종종 있었다. 또한 지금까지 나왔던 복권 당첨 번호를 분석해 미래에는 이 번호들이 나올 것이라고 예측하는 인터넷 사이트도 있다. 이러한 것이 모두 도박사의 오류에 해당한다.

동전을 열번 던진 후 ●을 동전의 뒷면, ○을 동전의 앞면이 나온 경우로 표시한다. 동전을 아홉 번 던졌을 때 모두 뒷면이 나온 후 열 번째 던질 때 나오는 경우와 그 확률을 계산해보자.

이미 뒷면이 아홉 번 나왔기 때문에 열 번째 던지는 상황에서 동전 앞면이 나올지 뒷면이 나올지에 대한 확률은 모두 $\frac{1}{2}$이다. 물론 동전을 던졌을 때 열 번 모두 뒷면이 나올 확률은 희박하다.

그러나 열 번 모두 뒷면이 나올 확률과 아홉 번째까지는 뒷면이 나오다가 마지막 한 번만 앞면이 나올 확률을 비교해보면 두 경우 모두 $\left(\dfrac{1}{2}\right)^{10} = \dfrac{1}{1,024}$의 확률이다. 둘 다 동전을 열 번 던졌을 때 나오는 1,024가지 중 한 가지 경우일 뿐이다.

많은 사람이 헷갈려하는 부분 중 하나는 동전을 열 번 던졌을 때 아홉 번째까지 뒷면이 나오다가 마지막에 앞면이 한 번 나올 확률과 열 번 중 뒷면이 아홉 번 나오고 앞면이 한 번만 나올 확률은 서로 다르다는 점이다. 다음의 그림처럼 후자는 전자보다 경우의 수가 많아서 10배나 큰 확률을 가진다.

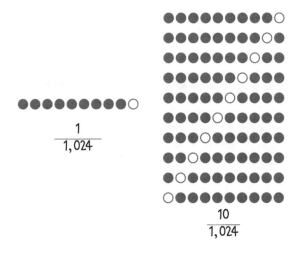

✎ $\frac{1}{2}$의 의미

그러면 확률 $\frac{1}{2}$의 의미는 무엇일까? 동전을 두 번 던지면 한 번은 앞면이 나와야 한다는 뜻인가? 실제로 동전을 던져 보면 두 번 중 한 번 앞면이 나올 수도 있고 나오지 않을 수도 있다. 동전을 스무 번 던져 보고 다음의 표에 표시해보자.

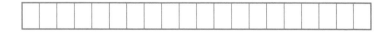

앞면이 나온 경우를 ○로, 뒷면이 나온 경우를 ●로 표시할 때 필자가 한 실험에서는 다음과 같이 스무 번 중 앞면은 일곱 번, 뒷면은 열세 번이라는 결과가 나왔다.

게다가 밑줄 친 부분처럼 아홉 번 중 뒷면이 일곱 번이나 나오기도 했다. 다른 사람이 한 실험을 보면 간혹 스무 번 중에서 뒷면이 열 번 나오거나 아홉 번 나온 패턴을 종종 발견할 수 있다. 동전을 열 번 던져 뒷면이 연속해서 열 번 나올 확률은 굉장히 작지만 많이 던지면 던질수록 희박한 확률의 패턴이 종종 보이기도 한다. 몬테카를로 카지노에서의 사건도 바로 이러한 패턴의 일종이라고 볼 수 있다.

주사위를 던졌을 때 주사위 눈 6이 나올 확률은 $\frac{1}{6}$이다. 실제로 주사위를 던지는 실험을 했을 때 주사위를 여섯 번 던지면 한 번 정도 주사위 눈이 6이 나올 것 같지만 그렇지 않다.

수학 시간에 아이들을 대상으로 5분 동안 주사위를 총 몇 번 던졌고 그중 6이 몇 번 나오는지 기록하게 했다. 학생 A는 스물다섯 번 던지는 동안 6이 한 번도 나오지 않았고, 학생 B는 스물세 번 던지는 동안 6이 아홉 번이나 나오기도 했다. 다음의 표는 반별로 6이 나온 횟수와 주사위를 던진 횟수를 합산한 결과표이다.

	6이 나온 횟수	던진 횟수	$\frac{(6이\ 나온\ 횟수)}{(던진\ 횟수)}$
1반	110	760	0.145
2반	70	445	0.157
3반	183	1042	0.176
4반	122	702	0.174
5반	71	465	0.153
6반	124	720	0.172
7반	463	2478	0.187

각 반마다 6이 나온 횟수를 주사위 던진 횟수로 나눠보니 $\frac{1}{6}$ (약 1.667)보다 크거나 작은 수치가 나왔다. 그렇다면 한 반씩 차례대로 누적하여 결과를 기록해보고 그 결과를 그래프로 나타내보자. 다음은 그 누적 값을 나타낸 표와 그래프이다.

	6이 나온 누적 횟수	누적 던진 횟수	(6이 나온 횟수) / (던진 횟수)
1반	110	760	0.145
2반	180	1,205	0.149
3반	363	2,247	0.162
4반	485	2,949	0.164
5반	556	3,414	0.163
6반	680	4,134	0.164
7반	1,143	6,612	0.173

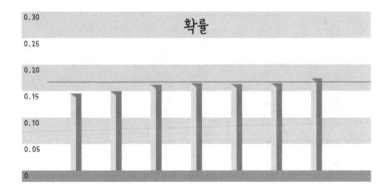

연두색 선은 $\frac{1}{6}$을 표시하는 선이다. 실험 횟수가 어느 정도 많아지면 연두색 선과 큰 차이가 나지 않는다는 것을 확인할 수 있다.

즉, 실험을 많이 할수록 $\frac{(사건이\ 일어날\ 경우의\ 수)}{(실험\ 횟수)}$의 결과 값이 확률과 차이가 적다는 뜻이다. 이 원리를 '큰수의 법칙(law of large numbers)'이라고 하며 이를 발견한 수학자는 스위스의 수학자 야코프 베르누이이다.

표에 수치를 정리하고 이에 관한 현상을 분석하는 학문이 '통계'이고, 어떠한 실험에 대한 가능성을 예측하는 학문이 '확률'이었다. 원래 통계와 확률은 전혀 별개의 분야이지만 베르누이가 큰수의 법칙을 발견하면서 이 둘이 서로 연결되었다. 큰수의 법칙은 통계 연구의 기본 전제가 되었으며 확률에서 통계로 넘어가는 데 중요한 역할을 했다.

키워드

#중2 과정 #확률 #확률과 통계 #큰수의 법칙

사망률을 감소시킨
통계의 기적

✎ 그래프의 오류

기온이 어느 정도 변화했는가, 여론 조사에서 찬성과 반대가 어느 정도 비율을 차지하는가, 주가 지수가 어떻게 움직이는가 등을 나타낼 때는 수많은 숫자를 사용한다. 그리고 그러한 숫자들을 간단하게 그림으로 나타낸 것이 바로 '그래프'이다. 그래프는 방대한 양의 데이터를 효과적으로 전달하기 위한 시각적 자료로, 특히 뉴스나 신문 기사에서 접할 수 있다. 경제나 사회와 관련된 다양한 수치가 이해를 돕기 위해 그래프로 표현되고 있다. 그러나 그래프를 잘못 사용하면 사람들에게 잘못된 인식을 심어줄 수 있다.

다음의 그래프는 실제 뉴스에서 잘못 사용된 예이다. [그림 1]은 각 대통령 후보에 대한 지지도 조사에 대한 막대그래프이며,

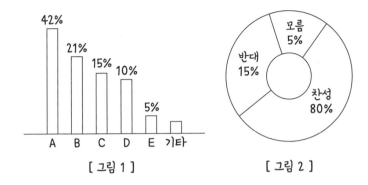

[그림 1]   [그림 2]

[그림 2]는 법안 개정에 따른 인식 조사에 대한 원그래프이다.

[그림 1]에서는 후보에 따른 지지도를 큰 순서부터 배치해 어느 후보가 우세한지 알려주고 있다. 각 막대 길이를 각 후보들의 지지도에 비례하여 그려야 하지만 [그림 1]은 크기순으로 배열했을 뿐 비례하지 않는다.

후보 A가 후보 B보다 지지도에서 우세한 점은 맞지만 실제 수치상 지지도는 두 배 차이가 난다. 하지만 그래프를 그릴 때는 차이가 없게 그림으로써 지지도의 차이가 근소한 것처럼 보인다. 이 그래프를 본 유권자들은 후보 간 지지도 차이가 얼마 나지 않는다고 잘못 인식할 수 있고, 이러한 잘못된 인식은 실제 투표에 영향을 미칠 수 있다.

[그림 2]에서는 어떤 법안에 대해 여론의 찬성과 반대, 모름

이 차지하는 비율을 크기순으로 배치해 어느 쪽의 여론이 더 우세한지 알려주고 있다. 각 부채꼴이 차지하는 넓이는 각 여론의 비율에 비례하여 그려야 한다.

이 조사에서는 찬성이 80%이고 반대와 모름의 합이 20%이므로 찬성이 원 넓이의 80%를 차지해야 하지만 반 정도 차지하고 있어 찬성 입장과 반대 입장이 비슷한 비율로 나뉜 것처럼 보인다. 그래서 법안 개정에 대한 여론의 인식이 찬성과 반대가 팽팽하게 나뉘어 대립하는 것처럼 인식되어진다.

이 두 그래프를 제대로 그리면 다음과 같다.

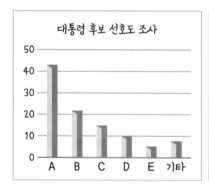

그래프는 다양한 수치를 효과적으로 나타냄으로써 수치에 대한 전체적인 이해를 쉽게 하기 위해 만들어졌지만 잘못된 그래

프를 사용하는 것은 그래프를 그리지 않은 것보다 못한 결과를 초래할 수 있다. 그래프를 만들 사람이 이를 악용하여 그래프를 잘못 그린다면 그래프를 본 사람들은 큰 혼란을 겪는다.

또한 그래프를 볼 때 비판적으로 바라보지 않고 무분별하게 수용한다면 옳지 않은 방향으로 문제를 인식할 소지가 있다. 수치는 거짓말을 하지 않지만 이를 사용하는 사람들이 수치를 어떻게 사용하느냐에 따라서 그래프는 약이 될 수도 있고 독이 될 수도 있다.

간호사 나이팅게일은 나라를 바르게 이끌려면 통계를 공부해야 한다는 말을 남겼다. 그녀는 통계 연구가 나라를 바르게 이끌어나갈 수 있는 하나의 방법이라고 생각했다.

✎ 통계의 역사

통계는 수집한 자료를 정리해서 그 내용을 잘 알아볼 수 있게 수로 표현한 것을 말한다. 통계를 뜻하는 영어 단어 'statistics'에서 state는 '국가'를 의미한다. 통계는 국가의 지도층들이 나라를 다스리기 위한 수단으로 사용했다. 지도층들은 나라를 확장하거나 보호하기 위해 주변 나라와 전쟁을 준비해야 했고 병사를 모집해야 했다. 또한 나라를 운영하기 위해 국민들로부터 세금을 걷어야 했으므로 인구 조사는 국가 운영에 필수적이었다. 인구 조사는 각 지역별, 나이별, 성별로 정리되어 기록되었고 이는 최초의 통계 자료였다.

통계가 학문으로 자리 잡기 시작한 것은 17세기부터였다. 이때 영국은 통계를 '정치산술'이라고 불렀는데 정치산술가(지금으로 말하면 통계학자)들은 여러 가지 사회, 경제 현상을 관찰하고 자료를 수집하여 현상에 대한 원인과 법칙을 분석하려고 했다. 당시 영국은 식민지를 많이 거느린 강대국이었다.

그러나 영국이 강해질수록 나라에는 전염병이 자주 돌아 사망자가 늘어났다. 전염병을 막기 위해 모든 학교는 휴교했고 길거리에 돌아다니는 사람은 전염병을 막기 위한 특수한 옷을 입고 돌아다녔다고 한다. 전염병으로 죽는 사람이 늘어나자 런던시에서는 그 원인을 조사하기 위해 사망표를 만들어 발표했다.

이때 영국의 상인이었던 존 그랜트가 23년 동안 기록된 런던시의 사망표를 분석했다. 그가 밝혀낸 전염병의 원인은 해외 수입품이었다. 영국의 식민지가 점차 많아지면서 무역이 활성화되었고 해외에서 들여온 물건에서 병균이 옮겨온 것이었다. 존 그랜트는 사망표를 나이별, 성별, 사망 원인별로 정리했고 이를 통해 무역과 전염병 간의 관계를 밝혀냈다. 그는 자료로 사고하고 추론하는 방법을 사용해 통계를 연구하는 새로운 시대를 열었다.

✎ 나이팅게일과 통계

통계 자료는 주로 수치들을 나열한 표로 작성되었다. 이 표를 그래프로 나타내어 일반인들에게 통계에 대한 문턱을 낮춘 것은 나이팅게일 덕분이다. 사랑과 희생으로 전쟁터를 누비며 죽음의 문턱에서 병사를 구한 간호사인 줄만 알았던 나이팅게일의 통계학자적 면모를 살펴보자.

나이팅게일은 19세기 영국의 공공 보건을 개혁하고 위생의 중요성을 세상에 알렸다. 이 과정에서 그래프를 사용해 통계 정보를 시각화하는 방법을 제안했다. 그녀는 왜 통계에 주목했으며 통계를 이용해 어떠한 활동을 했을까?

나이팅게일은 영국의 부유한 상류층 가정에서 태어났다. 그녀의 부모는 결혼하고 나서 세계 여행을 시작했고 여행을 하던 중 이탈리아에서 나이팅게일이 태어났다. 어릴 때부터 가족과 함께 세계 여행을 자주 다녔던 나이팅게일은 숫자로 각종 정보를 기록하고 정리하는 일을 즐겼다. 매일 여행한 거리를 계산하고, 출발 시간과 도착 시간을 기록했다. 그녀의 아버지는 여성도 교육을 받아야 한다고 생각했기 때문에 수학에 관심이 많던 나이팅게일에게 개인 수학 교사를 붙여주기도 했다.

나이팅게일은 세상을 위해 일하리라는 소명 의식을 가지고 있었다. 가족들과 이집트 등지를 여행할 때 병원에 방문할 기회가 있었다. 당시 병원은 굉장히 더러웠고 의료 체계도 엉망이었다. 실력 있는 의사들은 부자들의 주치의로 주로 일했으며 병원에서 일하기를 꺼려했고, 간호사 및 근로자에 대한 대우와 인식이 좋지 않았다. 나이팅게일은 병원의 실상을 목격한 뒤 가족들의 격렬한 반대에도 간호사가 되기로 결심했다.

나이팅게일이 간호사로 활동하던 중 1854년 동유럽의 크림반도에서 러시아와 연합국(프랑스와 영국 등) 간에 전쟁이 일어났다. 크림전쟁으로 불린 이 전쟁에 참전한 많은 영국 군인이 야전병원에서 부상과 질병으로 죽어갔다. 병원에는 인력과 비품이 부족했고 부상병들은 더러운 환경 속에 방치되었다.

그 소식을 들은 나이팅게일은 서른여덟 명의 수녀와 함께 이스탄불의 야전 병원으로 간호 활동을 하러 갔다. 병원에 도착하자마자 나이팅게일은 병동을 청소하고 부상병의 옷을 빨았다. 하지만 인력이 부족하고 의료물품도 부족한 상태에서 개인의 노력만으로는 병원 환경을 개선할 수 없다고 판단했다. 여기서부터 나이팅게일의 통계 이야기가 시작된다.

나이팅게일은 간호사이기도 했지만 행정가였다. 그녀는 병원의 위생을 개선하기 위해 병원의 상황을 파악하기 시작했다. 그녀가 통계를 내기 전까지는 아무도 전쟁에서 죽은 병사의 수를 정확히 알지 못했다.

나이팅게일은 먼저 통계 작성 기준을 세웠다. 기준에 따라 입

원, 부상, 질병, 사망 등의 내역을 매일 상세히 작성했다. 그녀는 이 기록을 토대로 영국 정부에 크림전쟁의 상황을 전하고 병원의 위생을 개선해야 한다고 주장했다. 그러나 전쟁으로 바쁜 영국 정부가 일개 병원의 간호 소장인 나이팅게일의 요구를 받아줄 리 없었다. 나이팅게일은 복잡한 숫자가 나열된 표는 사람들이 잘 이해하지 못한다는 사실을 깨달았다. 그래서 통계를 이해하기 쉽게 그림으로 나타내기 시작했다.

다음의 그래프는 나이팅게일의 '장미 그래프(Rose diagram)'로 크림전쟁의 사망 원인에 따른 사망자를 표현했다.

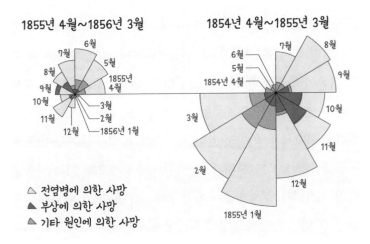

오른쪽의 그래프는 1854년 4월~1855년 3월까지의 사망자 수를 표현했고, 왼쪽의 그래프는 1855년 4월~1856년 3월까지의 사망자 수를 표현했다. 나이팅게일은 월별 사망자를 표현하기 위해 원을 열두 조각으로 나누었다. 월별 부채꼴은 세 개의 다른 색깔로 나뉘어져 있는데 연두색은 전염병으로 죽은 사람, 초록색은 부상으로 죽은 사람, 회색은 기타 다른 이유로 죽은 사람을 뜻한다.

각 색깔의 넓이는 원인별 사망자 수를 나타낸다. 오른쪽 그래프를 보면 대체로 연두색의 넓이가 크므로 전쟁 부상으로 인한 사망자 수보다 전염병과 같은 질병으로 인한 사망자 수가 훨씬 많다는 것을 알 수 있다.

나이팅게일은 군 위생을 개선하기 위해 열악한 환경 때문에 병사들이 죽어가고 있으니 지원을 해달라는 내용의 편지와 함께 각종 통계 자료를 만들어 끊임없이 정부에 요청했다. 일목요연하게 정리된 나이팅게일의 보고서를 본 영국 정부는 병원의 환경을 개선하기 위해 지원하기 시작했다. 정부는 화장실에 환기구를 설치했으며 붕대와 같은 환자에게 필요한 비품을 공급하기 시작했다. 부상병들이 깨끗하게 씻을 수 있고 깨끗한 옷을 입을 수 있는 환경이 조성되자 사망자 수가 점차 줄어들기 시작했다.

개선 사업 후 병원에서의 사망률이 점차 떨어지는 것을 왼쪽 그래프를 보면 알 수 있다. 특히 연두색의 넓이가 많이 줄어들었음을 확인할 수 있다. 나이팅게일은 이 그래프를 통해 병원의 위생 상태가 개선되면서 전염병 및 질병으로 인한 사망률이 급격하게 줄어들었다는 것을 보여주었다.

나이팅게일은 결국 1년 만에 부상자의 사망률을 40%대에서 2%로 감소시키는 기적을 일으켰다. 당시 사람들은 질병의 원인이 무엇인지 몰랐고 세균의 번식이 또 다른 질병의 원인이 된다는 생각을 하지 못했다. 하지만 그녀가 제시한 통계는 깨끗한 위생이 사람을 살릴 수 있다는 증거가 되었다.

나이팅게일은 영국왕립통계학회 최초의 여성 회원으로 선정되기도 했다. 영국군의 사망률을 크게 감소시키는 데 이바지하며 행정가로서의 면모도 지녔지만 밤마다 등불을 켜고 병사들의 상태를 확인하기 위해 돌아다니는 헌신적인 간호사이기도 했던 나이팅게일은 '등불을 든 여인'이라는 별명을 얻었다. 그녀는 간호사의 위상을 드높였으며 간호 학교를 세워 훌륭한 간호사들을 배출했다.

그녀는 인생에서 가장 환하게 빛나는 순간은 명예를 얻거나 부자가 되는 것이 아니라 절망과 시련 속에서 삶에 대한 당찬 도전과 성공을 완수하여 희열이 샘솟는 것을 느낄 때라고 했다. 나이팅게일처럼 항상 도전하는 삶을 살 수 없지만 시련 속에서 성공의 경험을 통해 자신이 성장한 것을 느끼는 희열은 인생에서 정말 좋은 경험인 것 같다.

수학 공부를 하다 보면 어려움에 부딪힐 때가 종종 있다. 이것을 도전해보고 성공을 경험해 자신을 넘어서는 희열을 느껴보기를 바란다.

키워드

#중1 과정   #통계   #통계, 그래프

평균에 속지 마라

✎ 평균 연봉만 보고 회사를 선택한다고?

어떤 회사에 취직하려 할 때 월급은 중요한 선택 기준 중 하나이다. 여기에 평균 월급이 다른 두 회사가 있다. 신입 연구원으로 취직하려고 할 때 어느 회사를 선택하겠는가?

A회사	사장과 부사장 그리고 다섯 명의 연구원으로 구성되어있다. 직원들의 평균 월급은 600만 원이다.
B회사	사장과 부사장 그리고 다섯 명의 연구원으로 구성되어있다. 직원들의 평균 월급은 300만 원이지만 모든 직원의 월급은 200만 원 이상이다.

대부분은 A회사를 선택할 것이다. 그러면 한 가지 정보를 더 제시할테니 다시 선택해보자.

A회사 사장과 부사장 그리고 다섯 명의 연구원으로 구성되어있다. 직원들의 평균 월급은 600만 원이고, 중앙값은 200만 원이다.

B회사 사장과 부사장 그리고 다섯 명의 연구원으로 구성되어있다. 직원들의 평균 월급은 300만 원이지만 중앙값은 300만 원이며, 모든 직원의 월급은 200만 원 이상이다.

여러분은 사장이나 부사장이 아닌 연구원으로 회사에 입사할 것이다. A회사의 평균 월급은 많지만 중앙값이 200만 원이므로 월급이 적은 연구원 세 명은 200만 원 이하의 월급을 받고 있다. 반면 B회사의 평균은 A회사보다 적지만 중앙값이 300만 원이고 모든 직원의 월급이 200만 원 이상이라고 했으므로 월급이 적은 연구원 세 명도 200만 원 이상 300만 원 이하의 월급을 받는다고 예상할 수 있다. 따라서 우리는 B회사를 골라야 더 많은 월급을 받을 수 있다.

다음은 A회사와 B회사의 월급표의 예시이다.

	사장	부사장	연구원1	연구원2	연구원3	연구원4	연구원5
A 회사	2,200 만 원	1,300 만 원	200 만 원	200 만 원	100 만 원	100 만 원	100 만 원
B 회사	500 만 원	400 만 원	300 만 원	300 만 원	200 만 원	200 만 원	200 만 원

여러분이 입사했을 때 A회사는 월급이 100만 원이었고, B회사의 월급이 200만 원이었다. 심지어 연구원들의 월급은 전체적으로 A회사보다 B회사가 많다. 그럼에도 A회사의 평균 월급이 B회사의 평균 월급보다 많은 이유는 그 분포 상태에 있다.

다음의 그림은 A회사와 B회사의 월급 분포 그래프이다.

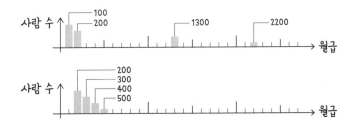

A회사에서는 사장과 부사장의 월급이 굉장히 많고 연구원들

의 월급이 적은 반면 B회사에서는 연구원들과 사장과 부사장의
월급이 많이 차이 나지 않는다.

어떤 자료를 표나 그래프로 나타내면 그 자료의 분포 상태를
알 수 있다. 하지만 한 집단의 정보를 요약하거나 어떤 두 집단을
비교할 때 자료의 특징을 나타내는 하나의 값이 있으면 그 값으
로 서로 비교할 수 있어 편리하다.

자료 전체의 경향이나 특징을 나타내는 하나의 수를 '대푯값'
이라고 한다. 평균은 어떤 집단의 특성을 나타내는 대푯값의 하
나로, 가장 일반적으로 쓰인다.

B회사의 경우 평균이 집단을 잘 대표하는 것이라고 볼 수 있
다. 하지만 평균이 항상 집단의 특성을 대표하지는 않는다. A회
사의 사장과 부사장의 월급처럼 보편적이지 않은 자료(수치가 너
무 크거나 작은 자료)가 포함되어있으면 집단의 특성을 올바로 나
타내지 못하는 경우도 있다. 이 경우 적절한 대푯값은 최빈값이
나 중앙값이다. 중앙값은 자료의 수치를 작은 값부터 크기순으
로 나열했을 때 한가운데 있는 값이고, 최빈값은 자료의 수치 중
가장 많이 나타난 값이다.

A회사의 경우 최빈값은 100만 원이고, B회사의 경우 200만
원이다. A회사와 B회사 모두 중앙값과 최빈값이 서로 다르지만
중앙값뿐 아니라 최빈값도 A회사와 B회사를 잘 나타낸 대푯값
이라고 볼 수 있다.

✎ 대푯값과 그래프

통계청 자료에 따르면 2019년도 사람의 평균 기대 수명은 83.3세였다. 그렇다면 '2019년도의 대다수 사람은 83.3세보다 더 오래 살 것이다.'라는 말은 맞을까?

현재 우리나라 최고령 할머니의 나이는 120세로, 그녀는 평균 기대 수명보다 47년 정도 더 살았다고 볼 수 있다. 반면 사망자 중에는 평균보다 47년 이상 어린 36세 이하의 사람도 있다. 전체 인구 집단에 비하면 적지만 많은 사람이 어린 나이에 죽는다. 따라서 사망 나이에 대한 그래프를 그려보면 다음의 그래프처럼 왼쪽으로 긴 꼬리가 나타나고 전체적으로 오른쪽으로 치우쳐 있다.

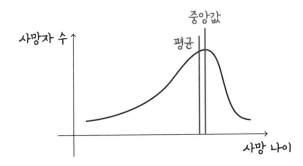

그래프의 넓이가 전체 사망자의 수를 나타내므로 그래프를 반으로 나눌 때의 사망 나이가 중앙값이라고 볼 수 있다. 반면 평균은 어린 나이에 사망한 사람들의 나이에 영향을 받으므로 평균이 중앙값보다 왼쪽에 위치한다. 따라서 전체 인구 중 절반 이상이 평균보다는 더 오래 산다. 특히 중앙값과 평균 근처의 나이에 사람이 많이 사망하고, 중앙값은 평균인 83.3세보다 크므로 대다수의 사람이 83.3세보다 더 오래 살 것이라고 예상할 수 있다.

반면 한국경제연구원의 조사에 따르면 2018년 한국의 직장인 평균 연봉은 3,634만 원으로 조사되었다. 이 대푯값을 보면 우리는 직장 생활에서 평균적으로 1년에 3,600만 원 정도는 벌 수 있다고 생각한다. 하지만 실제로 직장 생활을 해보면 연봉 3,600만 원을 벌기는 어렵다. 직장인 연봉의 중간값은 2,864만 원으로 조사되었기 때문이다. 게다가 연봉이 6,950만 원 이상이면 상위 10%에 해당하는 것으로 나타났다.

전체 직장인에 비하면 소수이지만 일반 직장인들보다 연봉을 훨씬 많이 받는 사람들이 있다. 이 사람들의 월급이 전체 근로자의 평균 연봉을 올리는 것이다. 따라서 연봉의 그래프는 다음의 그림처럼 오른쪽으로 긴 꼬리를 가지며 전체적으로 왼쪽으로 치우쳐 있다. 이때 중앙값은 평균보다 왼쪽에 있다.

그렇다면 평균과 중앙값, 최빈값이 일치하는 그래프는 어떤 그래프일까?

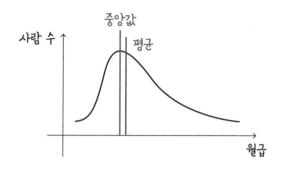

다음의 그래프와 같이 평균을 중심으로 대칭인 종모양의 곡선 그래프를 '정규 분포'라고 한다.

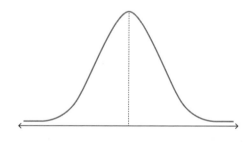

이 도형의 넓이는 전체 데이터 양으로 데이터 중 절반이 평균에서 왼쪽에, 나머지 절반은 오른쪽에 위치한다. 이때 평균과 중앙값, 최빈값이 일치한다. 항공기 예약부터 IQ 측정, 수능 점수 계산 등 일상적인 데이터 집합의 특징은 정규 분포로 나타날 수 있다.

✎ 확률과 정규 분포

특히 정규 분포는 확률과 많은 관련이 있다. 동전을 열 번 던졌을 때 다음의 확률을 비교하여 크기순으로 나타내보자.(확률을 직접 계산하지 말고 상황을 상상해보고 크기를 비교해보자.)

① 앞면이 한 번 나온다.
② 앞면이 세 번 나온다.
③ 앞면이 다섯 번 나온다.
④ 앞면이 일곱 번 나온다.
⑤ 앞면이 열 번 나온다.

앞면이 한 번 나올 확률, 두 번 나올 확률… 열 번 나올 확률을 각각 계산한다고 했을 때 가장 확률이 작은 경우는 무엇일까? 바로 앞면이 한 번도 나오지 않거나 열 번 모두 앞면이 나왔을 때이다. 반면 확률이 가장 큰 경우는 무엇일까? 동전을 열 번 던졌을 때 동전의 앞면이 나올 기댓값은 확률이 $\frac{1}{2}$이므로 다섯 번이다. 즉, 동전을 열 번 던졌을 때 앞면이 다섯 번 정도 나올 것이라고 기대할 수 있다. 따라서 앞면이 다섯 번 나올 경우가 확률이 가장 크다고 할 수 있다.

앞면이 세 번 나오는 경우와 일곱 번 나오는 경우를 비교해보

자. 앞면이 세 번 나오는 경우는 뒷면이 일곱 번 나오는 경우이다. 앞면이 일곱 번 나오는 경우는 뒷면이 세 번 나오는 경우이다. 동전을 던졌을 때 앞면과 뒷면이 나올 확률이 각각 $\frac{1}{2}$로 같기 때문에 동전을 열 번 던졌을 때 앞면이 세 번 나오는 경우의 확률과 뒷면이 세 번 나오는 경우의 확률은 같다. 따라서 앞면의 개수가 많이 나오면 나올수록 확률이 증가하며 앞면의 개수가 다섯 번일 때 최대 확률을 가진다. 반면 앞면의 개수가 다섯 번을 넘어갈수록 그 확률은 점점 감소할 것이다. 따라서 확률이 작은 순으로 나열하면 ⑤ < ① < ② = ④ < ③이 된다.

그러면 동전을 열 번 던졌을 때 앞면이 나오는 개수에 따른 확률을 구해보자. 동전을 열 번 던졌을 때 앞면이 나오는 개수에 따른 경우의 수는 앞서 파스칼의 삼각형 열 번째 줄의 수의 나열과 같음을 배웠다. 이를 이용하자.

1	10	45	120	210	252	210	120	45	10	1

동전을 열 번 던졌을 때 전체 경우의 수는 $2^{10} = 1,024$가지이므로 앞면이 열 번 나올 확률, 아홉 번 나올 확률…한 번 나올 확률, 한 번도 나오지 않을 확률을 계산하면 각각 다음과 같다.

$$\frac{1}{1,024}, \quad \frac{10}{1,024}, \quad \frac{45}{1,024}, \quad \frac{120}{1,024}, \quad \frac{210}{1,024}, \quad \frac{252}{1,024}, \quad \frac{210}{1,024},$$

$$\frac{120}{1,024}, \quad \frac{45}{1,024}, \quad \frac{10}{1,024}, \quad \frac{1}{1,024}$$

따라서 동전을 던졌을 때의 확률을 그래프로 그려보면 다음과 같다. 이때 가로축은 앞면이 나온 횟수, 세로축은 확률이다.

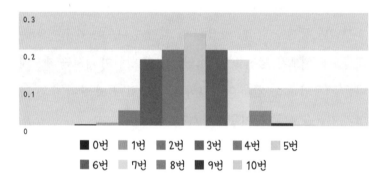

이번에는 동전을 100번을 던져 보자. 앞면의 개수가 많이 나오면 나올수록 확률이 증가하며 앞면의 개수가 50번일 때 최대 확률을 가진다. 반면 앞면의 개수가 50번을 넘어갈수록 그 확률은 점점 감소할 것이다. 또한 50번을 기준으로 앞면이 나올 확률은 서로 대칭이 될 것이다. 따라서 동전을 던지는 횟수가 많아지면 많아질수록 다음과 같이 정규 분포를 이룬다.

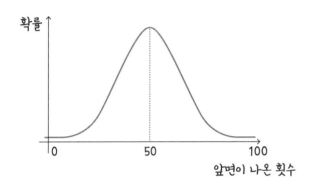

또한 우리가 주사위를 던질 때도 이와 같이 정규 분포 곡선을 만들 수 있다. 정규 분포는 통계에서 가장 많이 쓰이는 분포 중 하나이다.

예를 들어, 어떤 질병에 대해 치료 확률이 95%인 약이 있을 때 환자 1,000명에게 실험한다고 하자. 이때 완치 환자의 수에 대한 확률도 정규 분포를 이룬다. 또한 자유투 성공률이 80%인 농구 선수가 50번의 자유투 연습을 한다고 하자. 이때 자유투 성공 횟수에 대한 확률도 정규 분포를 이룬다.

프랑스의 수학자 라플라스는 어떤 사건이든지 시행 횟수가 크면 시행에 따른 확률의 평균값이 정규 분포를 따른다고 했다. 이것을 '중심 극한 정리'라고 한다. 앞서 언급한 베르누이의 큰 수의 법칙과 라플라스의 중심 극한 정리는 이전에 서로 다른 관점에서 연구되었던 확률과 통계를 서로 연결시켰다. 이는 현대 통계학의 가장 기본적인 개념 중 하나이다.

분포의 모양은 자료의 특성에 따라 여러 가지로 나타날 수 있으며 분포에 따라 평균은 대푯값으로 역할을 할 수도 있고 못할 수도 있다.

우리 사회는 평균에 대해 집착하고 평균을 기준으로 자신과 남을 비교한다. 자신의 월급이 평균보다 적진 않은지 비교하고, 남들보다 뒤처지지 않았는지 불안해하고, 남들보다 덜 행복한 거 같아 불행해한다. 사람마다 각자의 인생이 있는데 그 인생을 어떻게 평균 낼 수 있을까? 자신만의 속도에 맞춰서 각자의 특색 있는 삶을 살고 그 속에서 행복한 인생을 만드는 것이 우리의 삶의 목표가 아닌가 생각한다.

키워드

\# 중3 과정　\# 고등학교 확률과 통계　\# 통계
\# 대푯값, 평균, 중앙값, 최빈값　\# 정규 분포